BASIC FREUD

Psychoanalytic Thought for the
Twenty First Century

暗流

无意识动机如何支配我们的生活

U0118909

［美］迈克尔·卡恩　著

李逸竹　译

GUANGXI NORMAL UNIVERSITY PRESS
广西师范大学出版社
·桂林·

暗流：无意识动机如何支配我们的生活
ANLIU: WUYISHI DONGJI RUHE ZHIPEI WOMEN DE SHENGHUO

著作权合同登记号桂图登字：20-2023-066 号

图书在版编目（CIP）数据

暗流：无意识动机如何支配我们的生活 /（美）迈克尔·卡恩著；李逸竹译. --桂林：广西师范大学出版社，2023.9
书名原文：Basic Freud: Psychoanalytic Thought for the Twenty First Century
ISBN 978-7-5598-6223-5

Ⅰ.①暗… Ⅱ.①迈… ②李… Ⅲ.①弗洛伊德（Freud, Sigmmund 1856-1939）－精神分析－研究 Ⅳ.①B84-065

中国国家版本馆 CIP 数据核字（2023）第 148540 号

广西师范大学出版社出版发行

（广西桂林市五里店路 9 号　邮政编码：541004）
网址：http://www.bbtpress.com

出版人：黄轩庄
全国新华书店经销
北京汇瑞嘉合文化发展有限公司印刷
（北京市北京经济技术开发区荣华南路 10 号院 5 号楼 1501
邮政编码：100176）
开本：880 mm × 1 230 mm　1/32
印张：7.5　　字数：160 千
2023 年 9 月第 1 版　　2023 年 9 月第 1 次印刷
定价：49.80 元
如发现印装质量问题，影响阅读，请与出版社发行部门联系调换。

致乔纳森

序 言

　　我读本科的时候，一场世界大战中断了我的求学生涯。我经历了这场大战的全过程。那段时间，我的内心充斥着复杂的情感体验，而这样的经历，我这辈子可能都不会再有第二次了。全新的情感和冲突不断累积，最终给我带来了巨大的困惑：我活着到底是为了满足自己还是为他人服务？我该如何将大兵们肆无忌惮的滥交行为与他们对婚姻和家庭的期望整合在一起？类似的问题还有很多。重返大学后，我碰巧上了一门关于弗洛伊德无意识理论的课程，并发现自己置身于一个从未想象过的新世界。我感到无比兴奋和好奇。我想，我可以通过这门课来解决我的困惑，以一种全新的方式来看待我内心的情感和冲突，让它们变得有意义。我发现，无意识理论是如此优雅而又充满戏剧性，简直是美妙绝伦。我研究、教授无意识理论已经很多年了，可我对该理论的着迷程度丝毫未减。多年来，我一直在帮助我的病人进行自我理解，我从未发现有其他什么理论能像无意识理论那样清晰地解释病人的内心世界。

　　本书旨在向读者展现我所理解的无意识理论，以及该理论的美与功效。我希望本书能够涵盖弗洛伊德理论的一些重要方面，以帮助人们更好地理解自己的内心世界。我相信，这些方面也能帮助临床医生更好地理解他们的病人。除了专门做精神分析的机构，大部分心理治疗机构在培训治疗师时往往只会介绍弗洛伊德理论的一点皮毛。在我看来，这剥夺了治疗师理解、治疗病人的必要工具。我希望本书能够解决这一问题。

弗洛伊德的追随者布鲁诺·贝特尔海姆清楚、准确地表达了我写这本书的初衷以及我希望读者能取得的收获：

> 通过探索和理解（存在于我们灵魂深处的力量）起源和影响力，我们不仅能更好地应对这些力量，还能更深刻地理解、同情我们的同胞。[1]

致　谢

　　我由衷感谢基础读物出版社（Basic Book）的编辑乔·安·米勒。我的提案非常简短，但米勒看到了本书的可取之处以及出版的可能性。与米勒共事非常愉快，她乐观开朗，帮了我很多忙。凯·玛丽娅是我的项目编辑，非常配合我的工作。还有莎伦·德琼，她是我的文字编辑，非常细心，文字功底特别好。

　　我的爱妻维吉尼亚·卡恩也承担了很多。为了完成本书，我有好几个月都没有陪伴她。没有她的信任以及一贯的包容，所有的一切都将无法实现。

　　在撰写本书的过程中，我的朋友兼同事杰克·克莱曼给予了我莫大的支持。他帮了我太多的忙，我都无法一一列举。

　　就像所有治疗师和教师那样，我意识到我的很多知识都是从我的病人和学生那里获得的。对此，我深表感激。

　　乔纳森·科布是我多年的挚友，也是我的写作老师和编辑。他编辑了本书的所有章节。他的非凡才干值得读者朋友们的一声感谢。我谨以本书向他表示诚挚的谢意。

【目 录】

第一章　引言

　　所有的这些抨击中，争论的焦点到底是什么？……抨击的真正对象正是人类具有无意识动机这一观点，而弗洛伊德仅仅是一个假靶子。争论也许会因弗洛伊德展开，其背后却是一场更大的论战：在我们的文化中，人类的灵魂到底是什么样子的？我们该将人类视作具有深度、拥有复杂心理活动的有机体吗？我们会在自身理解的表层之下生成多层意义吗？还是说，我们能够轻易看透自己的内心？

——乔纳森·里尔《开放思想》

要在弗洛伊德的著作中挑毛病并不困难。哲学家和精神分析学家乔纳森·里尔为弗洛伊德进行了强有力的辩护，可与此同时，他也欣然承认："弗洛伊德把他最重要的一些病例给搞砸了。的确，他的很多假设都是错误的，他的分析方法看起来蹩脚而唐突，他的推断也有些莽撞。"[1]对弗洛伊德的批评大多是有理有据，他的理论和方法也在不断地被改进和完善。但不管怎样，弗洛伊德从根本上改变了许多人看待自己和自己心灵的方式。对我们所有人来说，弗洛伊德及其追随者的主要见解具有非常重要的指导意义，对临床医生来说甚至是不可或缺的。

如今，我们的大学很少教授弗洛伊德或其他心理动力学理论。在绝大多数的心理学入门教材中，弗洛伊德常常会被优越感十足的编者一笔带过，仅仅作为历史人物提及。"读名著"课程也许会偶尔谈到他的一本书（几乎总是《文明及其不满》），少数人类学和文学的课程也可能会讲一点弗洛伊德。然而，自从他的书首次出版以来，很少有大学将他作为一个重要的心理学家来教授。大多数学术权威认为他的著作充满主观臆断，并不科学，因此不适合本科生学习。我们这些对无意识动机感兴趣的人怀疑那些学术权威拒绝弗洛伊德，可能还有一个原因：他们发现无意识理论着实令人不安。

为什么现在连心理治疗专业的学生都不学习精神分析理论了呢？第二次世界大战到20世纪60年代，大多数心理治疗专业的学生都会学习大量的心理动力学理论。不学习这些理论，人们就会认为他们没有受过良好的训练。现在，情况可大不一样。到底发生了什么样的转变呢？也许，最好的解释是弗洛伊德不再受人追捧。许多女权主义者反对弗洛伊德贬损女性形象（她们的反对合情合理），尽管我必须在此说明，弗洛伊德把所有人都刻画得不够体面。20世纪60年代的政治意识将弗洛伊德视为父权压迫的象征，人文主义心理学家则认为他非常悲观。然而，20世纪60年代并非人们第一次抛弃弗洛伊德。自19世纪他最早在维也纳医学会上做报告以来，弗洛伊德的观点就时而得宠，时而失宠。

在对待弗洛伊德的观点上，有两股力量在互相对抗。一股力量是对他的理论的抗拒，认为他的理论拥有令人不安的本质，这常常使他的理论不受待见。我们有意识的部分仅仅是冰山一角，而我们绝大部分的想法、感情，尤其是动机都隐藏于水面之下，不被察觉，更何况这些隐藏的念头有时并非善意，这种观点着实令人不安。这就好比我们一直以为自己是在演一部温和的室内情景喜剧，可突然有人告诉我们，我们可能是在演一部狂野、黑暗的诗剧。另一股力量正是这部诗剧的吸引力，这种吸引力促成了弗洛伊德观点的周期性复兴。另外，人们坚信学习弗洛伊德的观点能减少情感痛苦，这样的信念也成为这股力量的来源。

在各种亚文化中，弗洛伊德的人气有落有涨。20世纪70年代，许多女权主义者认为弗洛伊德的观点极具破坏性。可在这之后，一些重要的女权主义社会学家和心理学家证明，如果我们无法理解性别歧视背后的无意识动力，就不可能理解性别歧视的根基。我们将在下文中看到，南希·乔多罗和杰西卡·本杰明作为其中两位最有才华的学者，是如何将女权主义和精神分析结合起来的。20世纪70年代，一些有政治意识的治疗师让人们看到，精神分析也可以变得不那么独裁。他们挑战了传统观念，即治疗师永远正确，病人永远不对，并创造了一种比传统诊疗更为友好、更为人性化的治疗氛围。这些治疗师意识到，坐在诊疗室里的是两个地位平等的合作者，都在为解脱病人的痛苦而共同努力。由此，我们进入了一个弗洛伊德不那么经常被妖魔化的时期。

然而，在精神分析学的历史上，每一次追捧弗洛伊德的高潮过后便是对他的冷落。20世纪90年代，源源不断的书籍和文章声称，有了现代神经学和精神药理学，弗洛伊德的理论已经变得无关紧要。1998年，美国国会图书馆宣布举办弗洛伊德展览，引发了一场群情激愤的抗议，这也许不会让弗洛伊德感到惊讶。他会说，因为一个博物馆展览就变得如此激动，用他的理论就可以充分解释。

20世纪90年代，许多心理学家对弗洛伊德展开了批评，其中一种批评与他的生物学倾向有关。弗洛伊德植根于19世纪的生物学，这使他格外强调本能以及本能发展的必然性。对弗洛伊德来说，"本能"意味着"需求"。本能是人类与生俱来的，会支配人的心理以获得满足，如对食物、性、自我保护的需求等。弗洛伊德对这些本能进行了反复的分类和再分类，力图找到一种方式来理解人类的基本冲突，即需求之间的冲突。他在生命的最后，相信所有的本能最终都会归入两大类，即生的本能和死的本能。从定义上看，两者是相互对立的，而且正是这两者之间的对立冲突给我们带来了无尽的痛苦。

还有一个例子能证明生物学的训练对弗洛伊德的后期思想产生了影响——他提出了所谓"潜伏期"的概念。弗洛伊德认为人生来具有一种生物倾向，即性冲动在7岁左右明显减弱，而在青春期迅速恢复。这种包含两个阶段的性冲动是导致人类神经症倾向的一个重要原因。弗洛伊德认为，在潜伏期，性能力和情感能力将不再同步：情感能力继续发展，而性能力的发展则会停滞。我们将在下文中看到，这种同步性的缺乏（"我有性欲的时候，我却不能爱；我能爱的时候，我却没有性欲"）是导致不幸福的一个主要原因。在现代，很少有治疗师会否认这个问题的存在、普遍性及其造成痛苦的根源。然而，很少有人接受弗洛伊德对这个问题的生物学解释。

有许多例子能证明弗洛伊德的生物学取向，生死本能的冲突与潜伏期的影响仅仅是其中的两个。在有关先天与后天的争论中，弗洛伊德在大多数情况下都坚定地站在了先天和本能的一边。针对弗洛伊德思想中的这种偏向性，相关的批评很早就有，且从未平息。有观点称，弗洛伊德忽视了早期经验的影响，特别是儿童与其照顾者的早期关系，这种说法无疑是合理的。弗洛伊德对无意识早期发展（包括本能驱力）的剖析着实惊世骇俗，此项工作占据了弗洛伊德的注意力，导致他从未真正研究过早期关系的影响。对这些关系的强调，即对"客体关系"的研究，是对心理动力学研究的一个必要且受欢迎的补充。

有时，心理学家会在"内驱力理论"与"客体关系"理论之间争论不休。在我看来，这样的争论并无成效。两个理论都是正确的。例如，人有性欲，这毫无疑问，但同样毫无疑问的是，这种性欲的表达是由我们的早期关系决定的。

曾有好长一段时间，许多治疗师认为不用弗洛伊德的无意识理论，照样能把工作做好。如今，我们开始摆脱这一阶段的认识。虽然一些治疗学派（如行为主义和认知主义）对此仍深信不疑，但在这些特定的非心理动力学派之外，已经有越来越多的治疗师相信：无论弗洛伊德的无意识理论是否流行，如果不理解塑造行为的无意识力量，他们就无法理解病人。

人们对弗洛伊德重新提起兴趣的一个迹象是精神分析培训机构的激增和流行。例如，在旧金山，几十年来只有1所精神分析培训机构，可现在有了4所，而且有越来越多的人开始申请在这些机构接受培训。在纽约和洛杉矶也可以看到类似的情况。

既然如此，弗洛伊德一再从失宠中回归的原因也许就是不管怎样，他就是不可或缺。正如我所说，他之所以对临床医生来说不可或缺，是因为如果没有对无意识过程的基本知识，如果没有弗洛伊德的指引来帮助他们了解病人无意识中的潜在内容，他们就很难理解病人。拿我来说，如果没有这些知识的指引，我早就被我的病人山姆搞得晕头转向了。

山姆无法忠于自己的女人。对此，他感到非常困惑。他告诉我，这样的忠诚感觉像是背叛。可到底背叛了什么，背叛了谁，他却说不出。我记得，他亲爱的母亲在他12岁的时候去世了。他最美好的回忆是他母亲在临终前哭着给他读《小熊维尼》结局的情景：克里斯托弗·罗宾知道自己长大了，不能和泰迪熊玩了。他把维尼带到森林里的一个美丽的地方，对他说："让我们记住，在这个地方，一个男孩和他的泰迪熊永远是朋友。"现在，我知道从哪儿着手了。我发现了一种联系，也许可以帮助山姆解开他生命中的谜团。我知道山姆的头脑中隐藏着一种联系，这个联系可能与以下情形有关：他失去母亲后悲痛万分，并坚信他在母亲去世前，与母亲达成了一个无声的协议。我觉得，他很可能会认为对一个女人的忠诚将构成对那个无声协议的背叛。我从弗洛伊德的理论中了解到，这样的联系是在无意识的情况下建立的。正如我们将在第四章看到，一个12岁男孩和他的母亲之间可能会存在特殊的关系，这给我带来了很多启发。

在《千面英雄》中，约瑟夫·坎贝尔让我们看到，能与心灵的冥界对话是多么玄妙。在《开放思想》中，乔纳森·里尔告诫我们，仅仅将弗洛伊德视作治疗神经症的医生是错误的，他是一位深入人类境况的探索者，其传统可追溯至索福克勒斯和莎士比亚。在这样的探索中，他发现了对人类福祉极为重要的意义，而这些意义却被人们即时性的觉察掩盖了：

> 把精神分析和百忧解当作达到同一目的的不同手段，这样的观点是错误的。精神分析的意义在于帮助我们发展一种更清晰、更灵活、更具创造性的意识，即我们的目的可能是什么。

"我们应该怎样活着？"对苏格拉底来说，这是人类存在的基本问题，力图回答这个问题才会使人的生命变得有价值。然而，柏拉图、莎士比亚、普鲁斯特、尼采以及现在的弗洛伊德把这个问题变得更为复杂。他们坚信，在人类的灵魂中涌动着深邃的意义之流，它们往往纵横交错，只能透过黑暗的玻璃瞥见。这就是西方的传统（如果能这么说的话）：它不是一套特定的价值观，而是一种信念——人类的灵魂太过深邃，要回答人该怎么活着这个问题绝非易事。[2]

弗洛伊德最重要的理论贡献是对无意识的描述。"无意识"这个词有很多含义。它可以表示睡眠状态，也可以表示不自觉的行为，如在红绿灯前停车；它可以表示心不在焉，即对周围发生的事毫无觉察，也可以表示神经训练的结果，如经过大量练习后成功击中棒球。弗洛伊德用"无意识"这个词来表示我们精神生活中不被觉察的部分（我在本书中也是这么用的）。弗洛伊德认为无意识占据了精神生活的绝大部分，而他所设想的占比是迄今为止最大的。那些冲动和想法，那些愿望和恐惧，在我们看不到的地方运作着，对我们的态度和行为产生了极大的影响。

我们大部分的精神生活是不可见的，所以我们常常对自己隐藏的动机一无所知。我的病人亚历克斯决定和他的女朋友分手。他告诉自己，这是因为他觉得她不是一个有趣的伴侣。在他看来，这便是他分手的动机。以我对亚历克斯的了解，他可能永远都找不到一个足够"有趣"的伴侣，因为他和女朋友分手的背后其实有一个隐藏的动机。有关动机的精神分析理论想要阐明，我们为什么会做出某种行为，为什么会产生某种想法，为什么会有某种信念。这些行为、想法和信念在某种程度上（往往是很大程度上）是无意识动机的结果。这就是本书的主题。

病人常常会被自己的问题搞得困惑不已。他们发现自己的心理有时会背叛自己，却不知道原因何在。这种困惑是他们寻求治疗的一个重要原因。如果他们能够理解自己的想法、感受、冲动、恐惧、态度以及动机，他们就不需要治疗师了。造成这种困惑的原因在于，这些病人的大部分心理内容都是隐藏的，是无意识的。治疗师需要掌握有关无意识的基本知识，以帮助病人了解那些隐藏的领域。虽然让病人理解无意识的领域并不会让其解脱困惑（他们还需要在诊疗室获得治疗），但这绝对是必要的。

精神分析理论家罗伯特·斯托罗和他的合著者这样说道，[3]为了理解纷繁的大千世界，我们在生命早期就形成了一系列组织原则。其中，一些最基本的原则是不会变的——即使这些原则显然与现实相抵触，它们也不会改变。在这些原则中，许多都是无意识的，要么是因为它们在生命早期就形成了，要么是因为它们与造成不良情绪的环境有关，所以必须被压抑。早年丧父/母的人很可能会发展出"我的爱是危险的"的无意识原则。如果一个孩子的父母嫉妒心很强，这个孩子就很可能会发展出"美丽即禁忌"的无意识原则。有很多不变的组织原则，我们意识不到它们的存在，但它们对我们产生了巨大的影响。斯托罗教授告诫，心理治疗的一个关键在于，要让那些不可见的原则变得可见，并让病人选择哪些原则对自己是有益的。通过下面两个例子，我们将看到组织原则如何成为人们的负担。

亚瑟总是想要在成功近在咫尺的时候进行自我妨碍，因此不得不向治疗师寻求帮助。在他讲述自己的家族史时，有一条线索逐渐显现。自打记事起，他就发现他的弟弟有些不对劲——这个男孩在学校过得十分艰难。最终，亚瑟得知他的弟弟有智力缺陷。亚瑟也很清楚，他的弟弟是他所认识的人中最善良的一个，是他最好的朋友。后来，亚瑟获得了研究生学历，进入了职场，但在寻求职业发展的过程中，他常常会在只差临门一脚的时候故意失败。在与治疗师的谈话中，亚瑟逐渐意识到，他抛下了深爱的弟弟渐行渐远，而由此引发的悲伤情绪逐渐发展成了一种"幸存者内疚"，导致他每次都会在即将成功的关键时刻进行自我妨碍。他的无意识组织原则是："如果我的弟弟不能成功，那我也不配成功。"

一头雾水的治疗师开始觉得已经没有办法让黛博拉满意了。她时而抱怨治疗师太过冷漠，时而抱怨治疗师太过热情。最终，事实的真相是黛博拉的父亲是个很有魅力的人，但不善于表达自己的感情；相反，她的母亲则爱意十足，总是想把黛博拉绑在身边，简直要把她吞没。在接受治疗前，黛博拉一直在潜意识里相信，在每一段关系中，只有这两种选择。治疗师发现，黛博拉一直在潜意识里将她视作自己的母亲和父亲，而且这两个角色在不停地交替转换。现在，她可以帮助黛博拉看到，这一原则已经严重限制了她在生活中对他人的期待。

无意识动机是困扰病人的原因。明白这一点后，治疗师有两项任务要做：理解导致病人困惑的无意识动力，并最终找到行之有效的方式向病人解释这种动力。为了理解病人的感受和动机，治疗师必须理解无意识动力。将这种理解传达给病人并让病人能够利用这种理解是心理治疗中一个极为精细的环节。对此，我们将进一步探讨。

正如上文所述，让不可见的动机变得可见是治疗过程的一个必要但不充分的环节。本书的主题是无意识动机以及如何理解该动机并将其告知病人。治疗的其他要素并不在本书的讨论范围之内（尽管它们很重要）。然而，我必须指出，这些其他要素是不可或缺的。当弗洛伊德首次发现病人的症状体现了无意识动机时，他认为，只要告诉病人他发现了什么，就能减轻病人的症状。可现实让他大失所望，用这样的方式揭露真相很少能减轻症状。就算真的减轻了，也只是暂时的。在这之后，心理治疗的历史就一直在探寻，究竟要在现有的理论中补充什么才能改变现状。在心理治疗的心理动力学学派中，大多数人在回答这个问题时都把注意力放在了治疗师和病人之间的关系上。我们将在第十一章中考虑临床关系的无意识方面，并探讨这种关系的特征。目前，我们只需要知道，仅仅让治疗师理解无意识动机并成功地将这种理解传达给病人是必要的，但肯定是不够的。

研究无意识动机非常重要，但这不仅仅是为了理解病人。研究无意识动机对我们的自我理解也至关重要。无意识的恐惧和罪恶感以一种不被察觉的方式支配着我们的生活。

乔安妮是一个健康、年轻的已婚女性。她对生孩子十分恐惧，她认为自己肯定会在分娩过程中死掉。她讲述了一个梦，这个梦让她想起了一个古老的传说：你如果杀了人，一定要远离杀人现场，因为死者的鬼魂会为了复仇而杀了你。她告诉治疗师，她的父亲是一名产科医生，在一次接生的过程中意外死亡。很快，真相浮出水面：出于某种尚不明确的原因，她认为自己对父亲的死亡负有责任，并担心自己会遭到报应。

奇怪的联系在无意识中产生。我们对一件事做出某种反应，仿佛它是另一件事。我们对一个人做出某种反应，仿佛他/她是另一个人。

安东尼的工作需要和一个同事密切合作。多年来，他们一直相处得很好，在一起工作非常愉快。最近，两人发生了严重的摩擦。安东尼指责他的同事太会挑刺，总是咄咄逼人。他的同事想要甩手不干，放弃这份好工作。对此，安东尼感到非常生气。他和他的治疗师将这个问题追溯到了一次冲突：他和他的同事在某件事上发生了分歧，并且都用了一些激烈的言辞表达了反对意见。在治疗师的帮助下，安东尼渐渐意识到，他从未平息自己的不良情绪。他向治疗师坦白，他的同事几次想跟他和解，他都拒绝了。经过一番探索，安东尼意识到，他对同事做出的反应与他对自己暴躁、挑剔的母亲做出的反应如出一辙。

我们经常会发现，我们所抱怨的处境实际上是我们一手策划的，因此我们往往拒绝改变现状。众所周知，婚姻就是最好的例子。

卡尔和凯瑟琳咨询了一位婚姻治疗师。卡尔抱怨凯瑟琳性冷淡，凯瑟琳也羞愧地承认了。他们之前咨询过性治疗师，婚姻治疗师便问他们得到了什么建议。凯瑟琳透露，卡尔拒绝听从这个建议，因为他觉得没什么用。性治疗师开始怀疑，凯瑟琳是为了保护卡尔而任由他给自己贴上"性冷淡"的标签。实际上，当他们一起工作时，这对夫妇和性治疗师发现卡尔有两个根深蒂固的恐惧：他害怕自己性能力不足，害怕他的伴侣会发现自己激情犹在而另寻他欢。他们两个人都没有意识到这一切。

在第二章中，我们将了解弗洛伊德所说的"无意识"指的是什么，以及弗洛伊德的无意识理论的相关内容。然后，我们将从弗洛伊德的大量著作（他的著作足足有24卷）中选出最能阐释弗洛伊德的无意识理论的主题。同时，这些主题还能说明该理论如何促进更好的自我理解。

我们将在第三章和第四章探讨弗洛伊德的性发展理论，尤其关注俄狄浦斯情结。弗洛伊德认为，俄狄浦斯情结是他的理论皇冠上的珠宝。有些人很难找到让自己真正满意的伴侣，让他们能够给予并获得爱的柔情和性的激情。弗洛伊德是如何帮助我们理解这个问题的呢？

在第五章中，我将描述"强迫性重复"这一概念。弗洛伊德的这一概念具有极强的解释力。

从第六章到第八章，我们将了解弗洛伊德关于焦虑、罪恶感以及防御机制的理论，了解如何保护自己免受焦虑的影响。我们所有人似乎都会因曾经遇到的危险而心有余悸，纵使这个危险已经过去了很久很久。我们很可能会因为一些纯粹的愿望而体验到强烈的罪恶感（对于这些愿望，我们却从未付诸行动），从而严重地影响到我们的生活。我们对自己隐藏了最深的愿望，从而限制了我们的生活，让我们付出了惨痛的代价。弗洛伊德的无意识理论是如何阐明这些普遍的人类现象的呢？

我们将会在第九章和第十章中探讨弗洛伊德关于梦、悲痛与哀悼的理论。弗洛伊德在临床实践中做出的一项重要贡献是，他发现，若一个人在失去至亲后没有进行哀悼，就会产生严重后果。他发现的悖论是，试图逃避失去至亲的痛苦往往会导致更大、更持久的痛苦。我们能理解这个悖论吗？

第十一章包含了所有病人和治疗师都会关注的核心话题，即治疗关系的无意识方面。临床关系总是比它看起来的更为丰富和复杂（双向都是如此）。这种逐渐显露的复杂性对病人来说具有无可比拟的价值。这又是为什么呢？

第二章　无意识

　　潜意识将各种幻想、古怪的东西、恐惧和具有迷惑性的想法送入意识，无论是在梦中、在日间，还是在疯狂的状态中。对于人类来说，在被我们称为"意识"的这片较为整洁的小住所下面延伸着未知的阿拉丁洞穴，那里不仅有珠宝，还住着危险的精灵：那是我们不愿面对或被我们抗拒的心理力量，我们不想或不敢将它们整合到我们的生活中。它们始终是未知的，然而不经意的话语、风景中的某种痕迹、茶水的味道或眼睛的一瞥可能会触及魔法般的源泉，接下来危险的信息开始出现在头脑中。这些信息很危险，因为它们威胁到我们为自己以及家庭构建起来的安全架构。但是它们同样非常吸引人，因为它们携带着开启整个发现自我的历险领域的钥匙，这场历险既令人渴望，又令人畏惧。

——约瑟夫·坎贝尔《千面英雄》

在《精神分析引论》的某一讲中，弗洛伊德讲述了这样一段故事：

> 我曾到一对新婚夫妇家里做客。那天，年轻的新娘笑着跟我说起她最近的经历。那是度完蜜月回来的第二天，她和她未婚的妹妹一起去购物，而她的丈夫则上班去了。突然，她看到街的对面有一位绅士。她轻轻地推了推她的妹妹，喊道："看，那不是L先生嘛！"她忘了，这位绅士已经在几个星期前成为她的丈夫。我听了这个故事后，不禁打了个冷战，但我也不敢妄加推断。几年后，这段婚姻不幸告终，我才想起这件小事。[1]

显然，弗洛伊德不敢妄加推断的是这位新娘从一开始就"知道"这不是她想要的婚姻，虽然她可能没有意识到这一点。

弗洛伊德并不是发现无意识的第一人，在他之前就有人考虑过无意识精神生活的存在和重要性。在弗洛伊德的同代人中，至少有一位曾探索过这个领域。诗人和剧作家很早就知道这一点。弗洛伊德所做的贡献是，他极大地增进了我们对无意识过程的内容和运作的认识，并展示了如何运用这种认识来提升治疗师帮助病人的能力，以及我们所有人理解自己和他人精神生活本质的能力。

弗洛伊德的无意识理论的核心观点并不复杂：我们不知道为什么我们会有某种感受，我们不知道为什么我们会有某种恐惧，我们不知道为什么我们会有某种想法。总而言之，我们不知道为什么我们会做出某种行为。我们的感受、恐惧、想法和行为比乍看之下的要复杂得多、有趣得多。

我们不知道为什么我们会有某种感受。

我的成年病人麦克斯对他母亲所做的事情感到异常愤怒。可他在描述这些事情的时候，我觉得他根本没必要有这么偏激的反应。我很清楚，一定有其他因素引发了他的愤怒。

我们不知道为什么我们会有某种恐惧。

马蒂报告说，他会想尽一切办法不接电话。如果不得不接，他就会表现出典型的焦虑症状：心跳加速、出汗、呼吸困难。他不知道为什么接电话让他如此胆战心惊。

我们不知道为什么我们会有某种想法。

丽贝卡觉得自己很讨人厌。大家告诉她，他们爱她，但这些对她而言没有用。她不相信他们，仍然坚定地认为自己不讨人喜欢。

我们不知道为什么我们会做出某种行为。

乔治是个学生。他整个周末都在玩电子游戏，结果把一次非常重要的考试给考砸了。本来只要花点力气，他就可以考好。他说，他并没有从打游戏中获得快感，而且他确实对本该学习的课程材料很感兴趣。

弗洛伊德在某一讲中提到了一个病人，并以她为例介绍了无意识①的概念。这位病人完全控制不住自己，总是想要冲进隔壁房

---

① 在精神分析史上，有好长一段时间学者都在考虑"无意识"这个词的用法，即将"无意识"作为一个形容词还是作为一个名词指代心灵的一部分。弗洛伊德认为，最为可行的方式是把这个词作为形容词来形容一种心理特征。我在这本书中就是这样使用的，尽管偶尔我也会把它作为一个名词来描述整个无意识心理事件，就比如这个句子。

间，站在一张桌子旁，并叫来打扫客厅的女佣。然后，她就会把女佣打发走。可没过多久，她又想要重复这一系列动作。她完全不知道这样的仪式到底有什么意义，因此承受了极大的痛苦。有一天，她突然想明白了。

她和丈夫一直分居，他们在一起住的时间非常短。新婚之夜，她的丈夫阳痿了。整个夜晚，他一而再，再而三地从自己的房间跑进她的房间，试图和她性交，但都以失败告终。第二天早上，他在床上倒了点红墨水，好让女佣相信新娘的第一次已经被他夺走。

然而，他倒墨水的时候太过匆忙，导致他的计谋被一眼识破。

和丈夫分开后，这个女人一直单身独居。她不断告诉自己，丈夫仍然值得尊敬和崇拜，可她的生活早已被强迫性的仪式拖垮。她告诉弗洛伊德，她叫来女佣的时候，她身旁的桌布上就有一个污点。她刻意调整了站姿，以确保女仆能看到污点。

这个女人无意识地设计了这场仪式，即象征性地向女佣展示床单上的血斑，以此把她的丈夫从羞耻中拯救出来。弗洛伊德第一次问她的时候，她完全不知道这个仪式的意义。也就是说，这个仪式的意义是无意识的。

除了少数例外，弗洛伊德之前的心理学家都认为精神生活和意识是同义的。"无意识精神生活"的概念似乎是一种自相矛盾的说法。弗洛伊德意识到，如果不从根本上改变人们对整个人类心理的看法，就无法解释病人的想法和行为。

弗洛伊德认为，意识仅仅是精神生活的一小部分，并构想出了一幅图景来描述人类的心理。他将无意识描绘成一个巨大的门厅，各种心理意象充满了门厅，都想要进入与门厅相通的小客厅。

意识存在于这个客厅之中，客厅外的心理冲动都想要与之相会。门厅和客厅之间，有一个守卫站在门口。他的工作是检查每一个请求进入客厅的心理冲动，并决定是否可以接受这种冲动。如果冲动无法被接受，守卫就会把它拦下，被拦下的冲动就必须留在无意识的门厅。一个无法被接受的冲动只要一跨过门槛，守卫就会把它赶出来，将其推回门厅。被推回来的心理冲动会受到压抑，就算一个冲动能获得批准进入客厅，在被意识注意到之前，它仍是无意识的。这样的冲动，即进入了客厅但尚未被意识注意到的冲动，属于前意识的范畴，而这个客厅就是前意识的系统。上文提及，守卫会驱赶（即压抑）不被接受的冲动。当精神分析师开始为病人释放压抑的冲动以帮助其解脱时，守卫就会化身为阻抗的力量。[2]

守卫可能会拒绝一个冲动或想法进入客厅，因为如果这个冲动获得了意识的注意，就会产生不好的情绪：恐惧、罪恶感或羞耻。我们将在第六章中详细探讨这种审查机制。就目前而言，我们只需要知道守卫（即审查者）的工作就是设立标准，筛选请求进入客厅的心理冲动。

停留在门厅里的人，即那些构成无意识精神生活的想法、愿望和冲动的到底是谁？无意识的主要性质自然是它是无意识的。为了展开讨论，我们先把无意识的心理事件定义为一个无法用语言解释（至少没有什么特别的方法能够解释）的事件。你问我为什么要浪费周末时光，甘受沉闷与乏味，我真的说不出原因。我也说不出为什么我会害怕无害的老鼠。通过运用特殊的联想技巧或者服用硫喷妥钠，我可能会发现背后的原因。然而，如果只是坐在那儿，硬是要把它想明白，我做不到。这些想法如果变得有意识，就会引起痛苦的感受。因此，它们被守卫强行留在了门厅。

客厅里的那些未被意识注意到的冲动和想法构成了前意识。弗洛伊德将"前意识"定义为当前没有意识，但能被任意地召唤进意识中的心理事件。此时此刻，你可能不会想到你母亲的娘家姓。但如果我来问你，你也许就能想起来，然后说出来。在你想起它之前，它是前意识的。相比之下，某些无意识的冲动会埋藏得更深。对于某些冲动，守卫会有更为严格的拒绝指令。例如，此时此刻，我有点想不起来也说不出来某个管弦乐队指挥的名字。可如果我下点功夫，我总能回想起来——也许是过一遍字母表，直到看到他名字的第一个字母为止。当前，这个信息是无意识的，但程度并不那么深。可我相信，有些深藏于心底的记忆和感受（也许是非常久远的那种）是如此戒备森严，让我永远无法触及。我们的许多动机都介于前意识和无意识之间，我们可以触碰到它们，但并不容易。

弗洛伊德意识到，许多想法只是被遗忘而并非被压抑。被遗忘的想法会渐渐消失，而被压抑在无意识中的想法仍然是人的精神生活的一部分。众所周知，那些坚信一切想法都有动机的治疗师常常会和病人争论不休，最终毫无成效。要区分被压抑的想法和被遗忘的想法并不容易，也并不总是富有成效。

弗洛伊德在前意识和无意识之间划了一条清晰的界限。如果某样东西可以被轻易地提取，那么它就是前意识的，否则就是无意识的。可在现实中，我们似乎很难对这两个类别做出明确的区分。我认为最可行的模型是一种从"意识"到"深藏于意识之下"的连续体。"前意识"指的是连续体中那些位于意识之下的想法。

无意识心理事件的另一个重要特征是，大部分（尽管不是全部）的无意识心理事件受弗洛伊德所谓的"初级过程"的规律支配，而有意识的事件遵循"次级过程"的规律。次级过程描述的是我们熟悉的逻辑世界，事件按照顺序依次发生。过去的已经过去，未来的还没有到来。这是一个遵循因果关系的世界。如果我努力学习，我就会取得好成绩。如果我对朋友不耐烦，他很可能会发火。在这个世界中，幻想和行动是有着不同后果的截然不同的两者。如果我不打扫房间，而是做着白日梦，我知道房间绝不会变干净。如果我希望某人遭遇不幸，而且他真的碰巧发生了什么不好的事，我也不会觉得这是我的错。

与次级过程不同，初级过程的运作并不考虑现实情况。这意味着存在一种奇怪的逻辑，这种逻辑与我们在次级过程领域中所知的截然不同。在这个领域里，并不存在相互矛盾或相互排斥的概念。我想杀了我的父亲，可能与此同时，我又想让他明天带我去看电影。我希望在我侮辱了你之后你还会爱上我。现实和逻辑的法则如此松散，可能会存在一些奇怪的联系：一个想法可以代表另一个与之相似的想法，一个想法可以被替换成一个与之完全不同的想法，一个想法可以代表一整组想法。

我对父亲的恐惧可能会转变为对马会咬我的恐惧。在初级过程的领域中，这是一个典型的联系链：我爱我的父亲，同时也害怕他。我意识到我爱他，但我对他的恐惧是无意识的。我怕他会因为我有不好的想法而惩罚我。马和我的父亲一样，是一个高大的、令人生畏的形象。我见过那匹马，它的牙齿会伤人。我对父亲的恐惧是无意识的，但我对马的恐惧并非如此。当然，这有一点好处：比起我父亲，我更容易避开马。

　　我对父母的愤怒可能会转变为激进的政治立场。我的父母利用他们的权威来管束我。政府也是权威，我要把叛逆的情绪倾泻于对政府的反抗。我渴望从母亲那里得到慰藉，而这种渴望可能会转变为对一类食物的偏爱（人们把土豆泥、温蛋羹等食物称为"安慰食品"并不是偶然）。

　　初级过程不受时间约束，既不认可过去也不认可未来。20年前发生了某件危险的事，那么现在它还是很危险。我现在正在受苦，那么我将永远受苦。很久以前，我害怕我的父母会因为我有不好的想法或行为而惩罚我，那么即便我的父母早已过世，我对惩罚的恐惧仍是丝毫未减。心理动力学治疗的一个目标是把重要问题从初级过程的领域带到次级过程的领域。如果我背负着恐惧开始接受治疗，并在治疗之后（深刻地）认识到其实没有什么可怕的，没有权威想要惩罚我，我和我的治疗师就会很高兴。

　　在初级过程的领域中，幻想和现实、愿望和行动之间并没有区别。如果我想让我的父亲死掉，我可能会产生强烈的罪恶感，就像我真的杀了他似的。如果他真的死了，但与我毫不相干，我还是会无比确信就是我杀了他，强烈的罪恶感便随之而来。同样，如果我渴望一种我认为不好的快乐，我可能会感到非常内疚，就好像我真的享受了这般快乐似的。弗洛伊德认为，因无意识愿望而产生的罪恶感可能会比实际行为的罪恶感更为强烈、更具破坏性。讽刺的是，对我们大多数人来说，背负强烈罪恶感的同时，幻想中的快乐却不如现实中那样令人满意。

　　也许最重要的一点是，初级过程的运作是以"快乐原则"为基础的。快乐原则需要快乐！现在就要！它与次级过程所依据的"现实原则"相反。弗洛伊德认为，婴儿产生某种需求时，会想象出能够满足需求的食物、事件或人。很快，婴儿意识到这样的方式不足以满足需求，发现自己必须关注外部的现实世界并学习这个世界的规则。想象有奶喝并不能缓解饥饿，想象母亲在身边并不能获得足够的慰藉。婴儿意识到，必须操纵现实世界来满足需求，这便是现实原则的开端。

随着孩子不断长大，这个原则会变得越来越复杂。在该原则的支配下，孩子们懂得了延迟满足的好处（有时是必要）。如果你问二年级的孩子，是现在要一根小糖棒，还是明天要一根大糖棒，大部分孩子都会选择现在就要小的。他们的行为受快乐原则的影响：我要快乐，现在就要，刻不容缓！然而，很多三年级的孩子就会选择等待，明天再拿大根的糖棒。7岁到8岁的孩子开始懂得延迟满足的好处。

随着现实原则在孩子身上的不断发展，他们逐渐学会了预计后果。我不想做作业，但我更不想招致老师的不满和可能的惩罚。我们将在后面看到，抑制享乐行为的最大因素是对良心受到谴责的恐惧：对罪恶感的恐惧。通常没有什么东西能阻止我伤害弱者，除非我意识到我的良心会给我带来巨大的痛苦。弗洛伊德认为，这就是为什么我们的文明生活并没有变得比现在更糟糕、更危险。

随着我们不断长大，我们会将现实原则应用于越来越复杂的问题。一位科学家拒绝了本可以更快、更轻松完成的研究项目，而是选择了一个更具挑战性的难题。为了达到卓越的标准，运动员、舞蹈演员和歌手让自己经受了多年艰苦的训练。

关于性冲动与快乐原则、现实原则的关系，弗洛伊德进行了颇为有趣的观察。性冲动与其他冲动不同，它在一个人的情况下就可以得到满足，不需要经过现实的检验，延迟满足或担心后果。因此，在某些人身上，性冲动比其他冲动更不受现实原则的支配，这往往会给他们带来巨大的痛苦和麻烦。这种麻烦可以有多种形式。在某些情况下，这可能会导致手淫成瘾。手淫成了性满足的主要方式，改都改不掉。在另一些情况下，这可能会导致危险的性冒险，带来灾难性的后果（即使稍微想一想就能预知后果）。也许，这就是阻止性病的传播是如此困难的原因。或许，这一概念还可以进一步扩大以包括其他驱力，如饥饿驱力，以揭示饮食失调如此普遍、顽固的原因。

快乐原则就是要快乐！现在就要！而现实原则是等一会儿再获得更安全的快乐，即使少一点也没关系。如果没有现实原则的发展，我们便会不断地陷入巨大的麻烦。我们将无法延迟满足，预计后果或评估现实。

快乐原则和现实原则之间一直有一场拉锯战。罗伯特·路易斯·史蒂文森在不了解弗洛伊德著作的情况下创作了《化身博士》，非常了不起。他的故事扣人心弦，其主题正是关于快乐原则和现实原则。杰科博士觉得文明生活束缚了他，便发明了一种药剂，可以让他把快乐原则的冲动，即存在于我们所有人无意识中的冲动释放出来。杰科博士是整个伦敦社会最和蔼可亲、最有绅士风度的人。然而，当他的无意识冲动重见天日时，我们发现这些冲动只关乎即时的满足。它们拒绝延迟，而且更糟糕的是，它们毫不关心他人的福祉。杰科博士喝下药剂后就变成了海德先生——一个残忍、自私自利的怪物。他的性冲动和攻击冲动完全失控了。

这样看来，初级过程的世界非常可怕。就像海德先生那样，如果不加限制，它就会带来灾难性的后果。然而，这个世界的另一面也同样重要。初级过程的领域包含了各种原材料，构成了我们的诗歌、创造力和游戏性。一个纯粹的次级过程的世界将是一个贫瘠的世界。弗洛伊德告诉我们，艺术家能够探索初级过程的领域，将所得之物融合成完整的艺术产品。他还补充说，热恋中的情侣和富有想象力的伴侣也有这样的能力。

根据弗洛伊德最初的设想，人的心理由3个系统组成：无意识、前意识和知觉–意识系统。我们在客厅、门厅和守卫的画像中见过这个模型。无意识系统（门厅）是初级过程和快乐原则的领域，意识系统（客厅）是次级过程和现实原则的所在地。最终，弗洛伊德发现，尽管这个模型非常适合考虑压抑以及意识与无意识关系，但一个完整的心理理论需要一个不同的模型。弗洛伊德一直认为，人类的心理处于持续不断的冲突之中。在他看来，解释临床数据的最好办法不是把心理分为原来的3个系统，而是分为3个常常处于相互斗争的能动部分。在他最后的模型中，有一个能动部分是在初级过程和快乐原则的法则下运作的，还有一个是在次级过程和现实原则的法则下运作的。在他最后的图景中，心理的3个能动部分为本我、超我和自我。

本我储存了各种本能冲动，即性冲动和攻击冲动。它是完全无意识的，且丝毫未被社会化。它的运作始终以快乐原则为根据，要求欲望得到完全、不延迟的满足。它不顾后果、逻辑或理智，也不顾他人的福祉。本我就是杰科博士的药水所释放出来的东西，而由此产生的海德先生则是本我失控的可怕形象。除了遵循快乐原则，本我也遵循初级过程的规律，没有时间观念，也没有相互排斥的概念。

超我就是我们的良知。它代表了我们从父母和社会那里内化的标准和禁令。一开始，我们担心，如果屈从于"本我"的冲动，就会失去父母的爱和保护。可一旦把这些标准和禁令内化，我们就必须意识到一些新的后果：超我对我们的攻击，即罪恶感。超我的一部分是有意识的。我们知道良知允许做什么，禁止做什么。然而，它的很大一部分是无意识的。这就导致了一个最困难、最具破坏性的问题：无意识的罪恶感。

自我的功能是协调与管理。它根据次级过程的规律和现实原则运行，职责是在本我、超我和外部世界之间进行协调，但费力不讨好。与本我不同，自我关注的是后果，并尽量延迟满足，以避免麻烦或在以后获得更大的满足。正如弗洛伊德所说："自我代表理性和理智，而本我代表原始的性欲。"[3]

自我处理人与外部世界的关系，所以本我必须让自我为其效力以满足性欲。因此，自我会受到本我的持续施压。同时，自我还要为其他两个主人卖命，即外部世界和超我。它必须决定本我命令的行为是否会在外部世界遭遇危险或惩罚，以及它能否避免超我的惩罚，即罪恶感带来的痛苦。自我还要充当客厅和门厅模型中的守卫，承担着压抑冲动和用其他方式抵御焦虑的职责。自我负责防御机制的部分存在于无意识中。

在弗洛伊德看来，心理健康在很大程度上取决于自我的力量和灵活性。如果它能巧妙地做好协调工作，给予两个内部主人（即本我和超我）最大可能的满足，并远离来自外部主人（即外部世界）

的麻烦；如果它能把冲动压抑得恰到好处；如果它有大量的心理能量用于快乐的、富有创造性的生活，那么一个人就不会患上神经症（许多文明生活都难逃神经症的魔掌）。我在前文提到，能够进入初级过程的冥界并创造性地组织所得之物是非常重要的。信奉弗洛伊德的学者把这个过程称为"为自我服务的倒退"。

海德先生向我们展现了压抑的必要性。本我就像一口盛满冲动的大锅，其中有许多冲动并未被社会化。因此，如果没有适当的压抑，我们将会陷入巨大的麻烦。我们要么坐牢，要么会因为需要无休止地压抑欲望而极度沮丧。压抑得太少不是好事，那么，压抑得多了会怎么样？也许，这对本书的所有读者都是个问题（当然，对作者也是）。弗洛伊德认为，这是大多数文明社会成员的状态。过多的压抑会带来严重的危害：

1.如果被压抑的冲动、愿望和组织原则都存在于意识的控制之外，都存在于自我的视野之外，我就不知道该如何处理它们。我不知道是否要按照它们的指示来采取行动。我无法提醒自己，它们只适用于一个5岁的孩子，而不是一个成年人。我无法运用现实原则，选择短期痛苦。因此，我的生活将受到组织原则的严重限制。这些原则不再为我服务。我看不见它们，更别说改变它们了。

2.被压抑的想法将永远保持最大的情绪负荷。许多年前看起来非常危险的事情，只要受到了压抑，现在看起来还是一样危险。

3.被压抑的愿望和冲动承受着巨大的压力，无时无刻不在寻求表达。要维持压抑状态，就必须消耗心理能量。自我的职责包括组织、聚焦和开展一个人的生活，包括爱情、工作、玩乐和学习。这是一项相当重要的职责。自我在这些职责上可支配的能量越多，压抑所消耗的能量就越少，我的生活就越幸福。否则，我就会像一支毫无战斗力的军队——所有士兵都在站岗，没有人能打仗。

4.被压抑的想法会吸引相似的想法进入压抑状态，因此被压抑的范围会不断扩大。研究学习规律的心理学家认为这是一种"刺激泛化"的表现。如果我跟你说，一看到红灯就按下按钮，然后给你看一个粉灯，你也很有可能会按下按钮。我从小就知道，在父母面前表达真实的自我是很危险的，所以我抑制了这样的冲动。长大后，当我面临需要表达自我的环境时，我却压抑了这种冲动，因为这和最初的感觉一样危险。因此，我对表达自我的恐惧逐渐扩散到越来越多的场合，让我变得越来越拘谨。

首次发现无意识精神生活的存在和重要性后，弗洛伊德意识到他必须说服自己的同事。弗洛伊德的同事都认为所有的精神生活都是有意识的。他们让弗洛伊德拿出证据，而弗洛伊德通常会提供三种：梦、神经症和所谓的"动作倒错"（口误和其他类似的错误）。

梦

弗洛伊德把梦称为通向无意识的捷径。他的意思是，一旦人们解析、理解了梦的运作方式，梦就会揭示最重要的无意识愿望。他认为，梦不仅是无意识精神生活存在的证据，也是一种主要的治疗方法。以下是《精神分析引论》中的一个例子：

> 一位结婚多年的女士（虽然还很年轻）做了一个梦：她和丈夫在剧院。管弦乐队的一边是空的。她的丈夫告诉她，伊莉丝和她的未婚夫也想来，但只能花62美分买3张位置不好的座位。当然，他们不会接受的。她觉得他们就算坐了位置不好的座位也没什么关系。[4]

别忘了，弗洛伊德认为梦只能通过做梦者的联想来分析。联想会揭示隐藏的意义。以下是做梦者的一些联想以及解析：

· 伊莉丝的年纪和做梦者差不多，刚刚订婚，尽管做梦者已经结婚10年了。

· 上周，做梦者为了看戏，匆匆忙忙地预订了座位，可她到了剧院后，发现管弦乐队有一半都是空着的，根本没必要这么急。

· 62美分：她的嫂子收到了一份价值62.00美元的礼物，然后急着赶去珠宝店买了一件珠宝（真是个傻瓜）。

· 3个座位：刚刚订婚的伊莉丝只比她小3个月，尽管做梦者本人已经结婚10年了。

· 解析：我这么着急结婚真是荒唐。我从伊莉丝身上学到了我也可以晚一点嫁人。我可以找一个比现在好一百倍的男人（62美分和62.00美元之间的关系）。[5]

神经症

我们如果不去假定无意识精神生活的存在，就很难解释自毁行为。有时，人们的行为、态度和顾忌会毁掉他们的生活。他们报告称，他们真的不知道为什么会对自己做出那样的事。弗洛伊德描述了以下病例：

> 一个19岁的女孩逐渐习得了一套睡前仪式。这些仪式需要几个小时才能完成，这让她和她的父母感到绝望万分。只要能摆脱这些仪式，她愿意付出一切。然而，强烈的强迫感让她觉得自己必须完美地履行睡前仪式。例如，枕头的摆放必须十分精确，绝不能碰到床头板。经过大量的精神分析，弗洛伊德和他的病人发现，床头板代表男人，而枕头代表女人。他们发现，这个仪式代表着一则禁令，即母亲和父亲绝不能有任何身体接触。其实，她还是个小孩子的时候（还未习得这些仪式），就一定要让自己房间和父母房间之间的门开着——表面上是为了减轻独自睡觉的恐惧，实际上是想要监视自己的父母，阻止他们发生任何性行为。最终的分析结果显示，她从小就对父亲产生了性依恋，对母亲则怀有强烈的嫉妒心。[6]

动作倒错

弗洛伊德所说的"动作倒错"指的是口误、笔误以及各种遗忘和失误行为。他对这些现象很感兴趣，认为这些现象是观察无意识运作的绝佳窗口。弗洛伊德在职业生涯的早期就收集了许多例子，并将其发表于《日常生活的精神病理学》中。[7]他认为，动作倒错的例子很有说服力，能向新手清楚地介绍无意识的概念。因此，他在《精神分析引论》的开篇对这一现象进行了详细的描述。读到这里，想必弗洛伊德的动作倒错理论已经不再稀奇。人有意图：想说某事，想记住某事，想做某事。可与此同时，又存在一个竞争意图，即守卫想要拦截的意图。被守卫拒绝的冲动会受到压抑，从而通过引起各种失误动作来表达自己。以下是弗洛伊德发表于《日常生活的精神病理学》的一个例子：

身为犹太人，弗洛伊德和他的朋友在探讨反犹太主义时深有感触。他的朋友尤其感到义愤填膺，慷慨激昂地表达了自己的观点。他在演说的结尾引用了维吉尔书中的一句名言。这句名言出自《埃涅阿斯记》：不幸的狄多被埃涅阿斯抛弃后，想让她的后代为她复仇。然而，更确切地说，他只是想要引用这句话，因为他根本没记住整句话。他想引用的话是"Exoriare aliquis nostris ex ossibus ultor"，即："某人必将诞生于我的骨肉，为我复仇！" 然而，虽然这句话他再熟悉不过，自打上学起就从未忘记，可他还是漏了"aliquis"（某人）这个词，怎么都想不起来。弗洛伊德告诉了他漏掉的单词，并引导他进行联想，想弄清楚他为什么会忘掉那个词。这位朋友发现，他一开始是想把"aliquis"这个词分成两部分："a"和"liquis"。他的联想链就这样产生了："Relics, liquefying, fluidity，fluid，St. Januarius, the miracle of his blood"，即"圣物—变为液态—流动性—液体—圣雅纳略—圣血的奇迹"。弗洛伊德问他想到了什么，他回答说："他们把圣雅纳略的血装入一个玻璃瓶，安置在那不勒斯的一个教堂里。每到一个圣日，他的血就会奇迹般地融化。人们非常重视这个奇迹，同时也感到紧张不安，生怕圣血的奇迹不会准时发生。有一次，法军占领了城镇，圣血没有在同一天融化。因此，法军的指挥官把牧师拉到一边，指了指在外驻守的士兵，威胁他说，他想要奇迹立刻发生。最终，奇迹还是发生了。"他有些尴尬，停了下来，而弗洛伊德鼓励他继续说下去。"好吧。然后我突然想到一位女士。我感觉我很有可能会从她那里得知一个消息。这个消息会让我们俩都很难堪。"

"她停经了么？"弗洛伊德问道。

"你怎么猜出来的？"

"想想你说的事就知道了：在某一天流的血、未如愿发生时的恐慌、必须奇迹发生的公然威胁等。……事实上，你用圣雅纳略的圣血奇迹来暗指女人的月经，形成了一条绝妙的逻辑链。"[8]

我发现这是一个特别有用的例子，因为它展示了无意识是多么的富有创造性。弗洛伊德的朋友想要请求自己的后代为他复仇。这是他有意识的意图。然而，对后代的愿望使他意识到，他并不想有这个愿望。其实，他根本不想要一个后代。他对女友怀孕的恐惧是无意识的。无意识的恐惧通过屏蔽"aliquis"（某人）这个词表达了出来，而这个"某人"正是他不想要的"某人"，即他的后代。如果能巧妙地利用联想，无意识就能构建一条富有创造性的路径。通过这样的路径，弗洛伊德能够解释失误动作。

在这一章中，我们了解了无意识的本质及其驱使我们行为的方式。在接下来的两章中，我们将探讨一个特殊的领域。在这个领域中，无意识动机展现出了最强大、最令人困惑的一面。这个领域即我们的性欲。

詹姆斯·斯特拉奇是弗洛伊德的著作的英文翻译。他在翻译弗洛伊德关于性的主要著作时谈道："毫无疑问，弗洛伊德的《性学三论》[9]与《梦的解析》并驾齐驱，是他最重要、最具独创性的成果，对人类知识做出了巨大的贡献。"我认为这样的评价十分公允。弗洛伊德对婴儿性行为、性心理发展、性在引起神经症中的作用以及俄狄浦斯情结的研究（对俄狄浦斯情结的研究也许是最重要的成果）极大地改变了我们对整个人类的看法，几乎达到了难以想象的程度。

第三章　性心理发展

　　令人惊讶的是，这么多年来，人类竟然一直坚信儿童没有性欲。

　　　　　　　　　　——西格蒙德·弗洛伊德《精神分析引论》

　　弗洛伊德的《性学三论》出版以前，整个欧洲社会都认为，性始于青春期是理所当然的。难以想象，儿童的天真无邪竟然会伴随着性欲、性幻想和性快感。更加难以想象的是，这些性幻想有时还可能关系到他们的父母。果不其然，弗洛伊德的著作震惊了整个西方世界。他的论点有两个主要含义：一、儿童的性欲、性幻想和性快感几乎从出生就开始萌芽，并持续发展，贯穿一生（也许会有一小段时间停滞）。二、这种早期的性生活往往是儿童和成人情绪问题的根源。

　　弗洛伊德用"多相变态"这个词来形容儿童最早体验到的快感，而这样的快感是通过生殖器以外的器官获得的。弗洛伊德认为，所谓"多相变态"指的是成年性变态者的主要快感来源都被囊括在了儿童能体验到的所有快感中。弗洛伊德断言，他有充分的理由将儿童身体上的快感称为性快感，因为这些快感中显然孕育着成人性行为的种子，而且在生命的相对早期，这些快感的核心是生殖器的快感和与他人进行肢体接触的愿望。

　　弗洛伊德的这些观点和他的无意识观点一样，都源自他对病人无尽的倾听。弗洛伊德的病人会进行"自由联想"，即尽可能地说出他们头脑中冒出的每一个想法（即使他们觉得这样的想法在当时是无关紧要的，或是说出这样的想法会让他们难堪）。弗洛伊德和他的同事常常是一言不发，听病人说上几个小时。就这样日复一日，年复一年。在整个人类关系史上，没有一个家长或爱人，没有一个牧师或医生，能像他们那样听你说这么长时间。这也难怪，治疗师听到的内容，从未有人听过，也从未有人理解。

基于病人的联想和回忆，弗洛伊德提出了一个假设：儿童的性行为在最初的13年左右会经历一系列的发展阶段。在各个阶段，孩子会专注于身体的不同部分。弗洛伊德认为，儿童的性发展过程、父母对儿童性发展阶段做出的反应以及儿童处理反应的方式，都会对儿童产生终生的影响。

很多人在管教孩子时总是严肃地告诫孩子，不准有任何性愿望和性幻想。因此，心灵的守卫接到指令，将这些愿望和幻想排除在了意识之外。就这样，性愿望和性幻想成为无意识的一个重要的、具有强大支配力的部分，成为无意识动机的主要来源。

> 一位病人被别人拒绝后，去当地的冰淇淋店吃了一大杯淋了奶油的圣代。
>
> 另一位病人花了大量的时间和精力来整理极其脏乱的公寓，结果还是白费了力气。
>
> 一位男病人渴望恋爱，却一直单身独居，执迷于跑车和收藏相机（喜剧演员莫特·萨尔曾说："喜欢手表和跑车的人不需要人陪。"）。

如果没有受过专门的训练，不能从性心理发展的角度思考问题，我们就可能会对这些行为感到非常困惑。对此，弗洛伊德的理论很有启发性。

至今，弗洛伊德发表性心理阶段理论已有近100年的历史。进入21世纪后，不同的心理动力学理论家对性心理阶段理论表现出截然不同的态度。毫无疑问，现在的临床医生都相信，我们在自身环境中与他人建立的早期关系会对我们之后的发展产生巨大的影响。同样毫无疑问的是，早期客体关系和早期互动模式的最新理论是对弗洛伊德最初的内驱力理论的必要补充。弗洛伊德很可能会欢迎这些补充，因为他自己的研究无疑是朝着这一方向发展的。

如今，争论主要围绕"什么更重要"这一问题。更为正统的精神分析机构仍教导学生将性心理阶段放在首位。"客体关系派"的机构会讨论这些阶段，但并不重视它们。同时，也有越来越多的研究院开始重视治疗师和病人之间的关系，认为医患关系对治疗有着至关重要的作用。这些机构被称为"关系派"，正在不断地发挥创造性，努力集成各种观点。尽管尚有分歧，但人们对一些基本观点的看法正趋于一致。现在，大多数的治疗师都把婴儿性行为的发现视为弗洛伊德的主要贡献，并把心理障碍理解为特定发展阶段的遗留问题。弗洛伊德的临床观察及其性心理阶段理论是这种态度的来源，展现了他对儿童性发展的深刻见解。因此，理解弗洛伊德的理论仍非常重要。

根据弗洛伊德的分类，在儿童经历的每一个阶段，身体的某一部分以及与该部分相关的活动都会被赋予重要的意义（其中的一个意义是，该身体部分能够带来快感）。这些阶段包括

· 口欲期（从出生到18个月左右）；

· 肛欲期（18个月至3岁左右）；

· 性蕾期和俄狄浦斯情结 I（从3岁到7岁左右）；

· 潜伏期（从7岁到青春期）；

·俄狄浦斯情结Ⅱ（青春期）；

·生殖期（始于青春期）。

在人的一生中，这些阶段的始末并非界限分明。相反，每个阶段的末端会逐渐消失，并与下一阶段的开端重叠。每个阶段出现的时间也并非绝对，往往是变化无常的。这些阶段不仅互相重叠，还会以一种无意识的、隐藏的方式连接到后续阶段，如同不断发展的背景。

弗洛伊德深受当代生物学发展的影响，倾向于像生物学家一样思考。因此，他把性心理发展看作一种在个体内部逐渐显现的本能。然而，弗洛伊德的追随者所做的工作大多把他的理论放在了人际关系的背景下。毫无疑问，本能是存在的（尽管在如何对本能进行分类的问题上仍存在着无尽的分歧）。同样毫无疑问的是，在某个层面上，儿童的成长过程有其固有的时间安排。但在成长过程中，儿童每时每刻都会遇到各种人际关系上的挑战、任务和反应，而所有的本能都是被这些挑战、任务和父母的反应塑造的原材料。这个过程会对儿童的成长产生极大的影响。这种对人际关系的强调，即对儿童早期"客体关系"的强调，属于"后弗洛伊德主义"的范畴，极大地丰富了弗洛伊德的理论，性心理发展理论也不例外。

在每个阶段，孩子可能会获得满足（父母也可以从中获得乐趣），也可能会遭受挫折，甚至是非常大的挫折，这取决于父母如何做出反应。就像父母的具体反应方式那样，无论该阶段带来的是满足还是挫折，都会对孩子产生持久的影响。

固着与倒退

弗洛伊德的心理模型包含了这样一个观点：人的心理存在着大量的心理能量，可以被引导和再引导。这是一个非常重要的概念，在考虑性心理的各个阶段时需要牢记在心（弗洛伊德著作最早的英文翻译詹姆斯·斯特拉奇创造了"cathexis"这个词，即"感情投注"，来命名这种心理能量）。如果大量的能量被引导向一个想法、愿望或记忆，它就会呈现两个特征：变得重要并充满情绪。随着儿童依次进入各个性心理阶段，他们会把大量的能量投入某一阶段的愿望和快感中。在正常的发展过程中，随着儿童向下一阶段迈进，他们会收回一定的能量并将其引导至下一阶段。"固着"指的是过多的能量滞留在前一阶段的情况。在无意识中，固着的阶段保留了最初拥有的大部分重要性和情绪。因此，如果前进的道路不再平坦，儿童就会退回到前一阶段，即心理的舒适区。

一个人感到沮丧或害怕时，就会退回到固着的点。这便是"倒退"描述的情况。"固着"可以是停留于一个性心理阶段，也可以是一段关系，所以"倒退"可以把我们带回到两者中的任何一个（讨论完性心理阶段后，我们将更详细地探讨"倒退"这一概念）。

弗洛伊德用"固着"来描述父母未做出恰当反应而对儿童产生的持续影响。如果儿童在某一阶段经历了极大的痛苦（或过于放纵），他们在该阶段学到的或推断出的经验就会变得根深蒂固。"固着"也可以指一段早期关系或早期关系的一个阶段。一个人常常会无意识地固着于自己与父母的关系。如果我固着于某段早期关系，我就会把大部分的心理能量用来渴望那个人或消除这段关系带来的痛苦。

早期关系的影响是巨大的。同时，这样的影响往往是持久的，因为在建立早期关系时，人还是一张白纸，比较单纯。如果我一直固着于童年时期，我将很难把更多的精力带到成人关系的发展中，也会不由自主地把成年生活中遇到的人视作早期关系的"替身"。

唐璜喜欢拈花惹草可是出了名的。显然，他对变化的需求永远得不到满足。精神分析学家对该故事进行了研究，认为唐璜所追求的并非变化。实际上，唐璜代表了对母亲的固着：正是他的母亲才让他如此徒劳无望地找寻。

我的病人芭芭拉总是受到父亲的冷落。整个童年，她都在想方设法地吸引父亲的注意力，和他建立情感联系，但都以失败告终。这段重要关系的匮乏和挫败导致了她的强烈固着。现在的她不停地换男友，一个接着一个，而且只选择跟自己感情疏远的男人。实际上，她在无意识中想要让一个冷漠的男人来爱她，从而治愈她的第一段早期关系。

婴儿性行为

婴儿通过必要的身体功能来发现快感。首先是营养的摄取。嘴巴、嘴唇和舌头是非常敏感的。对婴儿来说，刺激这些部位能够带来愉悦的感觉。接下来是排泄废物的功能，尤其是排便。肛门周围的皮肤非常敏感，能够带来快感。最后，孩子发现了生殖器的存在，并且可以通过刺激生殖器以获得强烈的快感。弗洛伊德将所有的这些快感称为"自体性欲"，因为要享受这些快感，自己一个人就足够了。

口欲期

儿童的首要关心是营养的摄入，所以口欲期是第一个阶段也就不足为奇了。儿童很快意识到，即使没有母乳，吮吸也能带来快感。因此，他们常常会吮吸自己的拇指或身体的其他部分。

嘴巴似乎也是快感的第一来源。婴儿对世界的早期探索大多靠嘴巴。最早的挫折都与嘴巴有关：饥饿、口渴以及对吮吸的需求得不到满足。嘴巴也是早期的攻击性器官：咬、喊和哭。这些快感首先教会了孩子：一个人也可以获得快乐，根本不需要其他人的存在。母乳需要母亲来喂，但吮吸拇指或身体的其他部位（甚至是毯子）也是一种乐趣。随着孩子不断长大，很多快感受到了压抑，但这些快感在无意识中仍然十分强烈。成年后，每当在人际关系方面遇到了困难，我就会有一种强烈的愿望：想要回到不需要任何人的时候，这背后的原因并不难理解。

父母的反应

多年前，儿科医生通常会建议父母要按照规定的时间给孩子喂奶。如果孩子在规定时间的前三小时就开始哭着要母乳或奶瓶，那么就让他/她哭三个小时。我自己就是这样被养大的，但我不推荐这种做法。随后，这一普遍观念转变为"按需"喂奶，即孩子饿的时候才给他/她喂奶。不难想象，在这两种管理方式下，孩子会对世界产生什么样的看法。对孩子来说，按规定时间喂奶表明，他/她的利益和需求不如他人的便利重要。这样的经验处于生命早期，所以能对孩子产生巨大的影响。另一方面，按需喂奶则告诉孩子，他/她有权要求得到自己需要的东西，并让他/她相信自己的需求常常能得到满足。按规定时间喂奶往往会让孩子对自己在世界上拥有的权利感到悲观，而按需喂奶则更有可能使他/她变得乐观。

孩子对非营养物质的吮吸（如吮吸拇指）会引起父母的各种反应。父母可以放任不管，让孩子自己想办法改正，或是采取严厉的措施来强行矫正。这些措施包括绑住孩子的手，在孩子的拇指上放一个小笼子，告诫孩子他/她在做坏事，或是严厉地惩罚他/她。由此，孩子首次从父母对待自己获得快感的态度中学到了教训。他/她很可能会把这种态度类推到所有的快感，尤其是身体上的快感。

关于父母对口欲期的反应，另一个主要问题是断奶。早断还是晚断？突然断还是循序渐进地断？让孩子自己断还是父母来断？这些问题的答案能够让孩子了解他所出生的世界。这些问题因为出现得很早，所以往往会对孩子产生巨大的影响。

口欲期的固着

固着于口欲期的人可能会出现严重的饮食失调、厌食症、贪食症或暴食。他们在感到压力或孤独时就会进食。他们的人格特点可能会更为被动，对他人的依赖性更强。相比于其他性行为，他们可能会更喜欢口交。他们喜欢用嘴来做出攻击行为：对成年人来说，这意味着出言不逊，到处"咬人"；对儿童来说，可能是真的咬人。固着于口欲期的人会因其被动性和依赖性给他们自己（以及身边的人）带来巨大的痛苦。轻微的口欲期固着似乎非常普遍，几乎人人都有。看一看满屋子考试的大学生，你就知道了：很少会看见有人吮吸拇指，但不难看到其他常见的替代做法。

肛欲期

到了两岁，孩子会对大小便表现出强烈的兴趣。排便和憋便都可以给他们带来快感。另外，父母也会在不经意间告诉孩子：排便的本领是父母给的。父母可以给，也可以不给。因此，大小便也在某种意义上成为影响孩子与父母关系的重要话题：父母干预孩子大小便意味着孩子不能随心所欲地排便。

通过病人的联想，弗洛伊德发现，这一时期的孩子会出现施虐的倾向。事实上，他经常把该时期称为"施虐-肛欲期"。在这一时期，孩子可能会因受到社会化的约束而表现出反抗的情绪。这个年龄段的孩子正在长牙，因此是有能力咬人的。他们也越来越强壮，逐渐感受到自己身体的力量。在这一阶段，性本能和攻击本能开始相互联系。这种联系可能会被完全压抑，停留在无意识中或至少保持部分的意识，从而导致各种施虐、受虐的性幻想和行为（很多人都是这样的情况）。

父母的反应

父母对待孩子大小便的态度能教会他很多东西。在父母的教导下，孩子对身体及其功能和产物可能产生不同的态度，可能会认为它们是自然的、不可抗拒的，也可能会认为它们是恶心的、可耻的。如厕训练也是一名强大的老师，是教导孩子如何在社会上生活的重要一环。如厕训练可以较早开展，严格执行，也可以用不着训练（例如，让孩子穿尿布直到他不想再穿为止），或是介于两者之间。较早而严格的如厕训练是在告诉孩子，事情要按照父母说的方式来做，而不是根据他们自己的意愿去做。宽松的或者不做如厕训练则表明，父母对孩子解决问题的能力充满信心。

在这个阶段，很多孩子会发现，他们追求快感的天性与父母的要求之间存在严重的冲突。内化这种冲突对孩子以后的发展至关重要，怎么强调都不为过。弗洛伊德引用了他的同事卢·安德烈亚斯·萨洛梅的一篇论文，该论文支持了他的观点：

> 这是孩子接受的第一条禁令，即不准从肛门活动及其产物中获得快感。这条禁令将对孩子的整个发展过程产生决定性的影响。这一定是孩子首次体会到，有一个环境与他的本能冲动相抵触。在这样的情况下，孩子将学会如何把自我的实体从这个陌生的实体中分离出来，并第一次压抑获得快感的可能性。至此，与"肛门"有关的东西一直象征着被否定和排除在生活之外的东西。[1]

肛欲期的固着

肛欲期的固着有不同的表现形式，最常见的表现也许是强迫行为。在肛欲期，孩子已经认识到，不"把东西放在合适的地方"或不保持整洁就会招致惩罚。因此，为了将焦虑保持在较低水平，孩子会保持对环境的有序控制。强迫行为有不同的强度。一个人需要适量的强迫行为来维持生活秩序。例如，如果没有足够的强迫行为来整理笔记并准时上课，就没有人能在高等教育中有所成就。与适当的强迫相对，完全型的强迫症则是一个极端，会严重干扰一个人的生活。弗洛伊德有一个非常有名的病人，他的脑海里总是会出现至亲遭遇不测的逼真画面，让他痛苦不堪，却又无法摆脱。同时，他的生活也常受一些琐碎的强迫行为困扰。有些事是他"必须做"的（"我必须把那块石头从路上拿开。哦，不对，我得回去把那块石头放回去。"）。

　　固着于肛欲期还会导致洁癖。有洁癖的人非常害怕脏乱的环境，唯恐避之不及。然而，他们常常（也许总是）会在无意识中想把自己搞脏、搞乱。我曾组织过个人成长小组，经常会有一些传统的、中产阶级的中年人来参加，而且大多数人都非常干净整洁。我们的一个常规活动是用手指作画。看（或参与）他们画画极具启发性，而且不得不说，也是件很愉快的事。一开始，他们只是用指尖小心翼翼地在纸上涂上颜料，可没过多久，他们就开始尽情地在自己和对方身上大肆涂抹。活动结束后，他们常常会报告说，即使是在小时候，他们也不会允许自己如此放纵。

　　弗洛伊德发现，固着于肛欲期的人常常会"把生活安排得井井有条，而且都有些小气，往往固执己见"。"井井有条"很容易理解。稍作回忆可知，孩子在何时何地排便是他们第一次与社会化的激烈抗争，因此"固执己见"也不难理解。另外，弗洛伊德在倾听病人的讲述时发现，"小气"是无意识地将粪便等同于金钱的结果。有人想让我排便，我偏不排。"有钱不给"象征着"有便不排"。只要明白排便是孩子第一次为争夺控制权而进行的激烈斗争，就不难理解为什么肛欲期的固着也会以一种叛逆行为的形式出现，甚至是一种具有施虐倾向的叛逆。

还有一个有趣的问题值得我们思考：自动洗衣烘干机的广泛使用和一次性尿布的普及如何改变了我们的文化？在我小的时候，尿布要放在原始的洗衣机里洗，然后再挂在晾衣绳上晾干（天气允许的话），十分费时费力。我很能理解母亲想让我尽快脱掉尿布的心情。然而，现代技术为人们提供了巨大的便利。20世纪60年代的少男少女在为人父母后，对孩子进行如厕训练的需求大大降低。也许，这就是为什么现在孩子的衣着、外表和清洁习惯会让我们这一代人（在60年代早已成年，并没有享受到现代技术的便利）目瞪口呆。

性蕾期

3岁左右，儿童开始对两性之间的身体差异产生强烈的兴趣。不经意的观察或是对自己童年时期的回忆都能证明两性差异是儿童相当感兴趣和关心的问题。很快，弗洛伊德和他的追随者发现，两性差异也是他们的病人关心的主要问题，并且给他们带来了持续性的影响。

进入性蕾期后，吸引儿童的不仅仅是两性差异，还有刺激阴茎和阴蒂所带来的强烈快感。对其他"性感应区"的刺激无疑能获得快感（且一直都能），但刺激生殖器的快感成为首要选择。在这段时期，性别差异显得非常重要，因此儿童会产生与另一个人进行生殖器接触的幻想。到了5岁左右，孩子的主要幻想不再是自体性欲，而是开始关注另一个人。在第四章中，我们将详细讨论"另一个人"是谁，以及这种幻想如何带来快感。

父母的反应

在这段时期，儿童开始学习如何刺激阴蒂或阴茎以获得快感，而父母必须应对这样的局面。对此，父母所做出的反应可以是惩罚孩子，告诫孩子这样做后果很严重，也可以完全忽视孩子的行为。不管怎样，父母的反应可能会对孩子产生持续的影响。孩子可能会觉得快感是不好的，尤其是性快感。这种罪恶感在男孩中似乎更为常见，且更为强烈。他们可能会想尽办法停止自慰，但每次都以失败告终。他们会认为自己意志薄弱，从而累积大量的罪恶感。与之相反的另一个极端是，儿童可能会发现，父母似乎并不反对这种快感。

100年前，动辄用阉割来威胁男孩的情况是很常见的。现在，这种情况也许仍在发生，但可能并不那么常见。许多治疗师认为，即使没有受到威胁，男孩也会产生对阉割的恐惧。他们看到女孩子没有阴茎，很可能就会推断她们的阴茎被人夺走了。即使没有这个惊人的发现，男孩也很容易想象阉割的惩罚。阴茎的解剖形态会让男孩产生被阉割的幻想。例如，如果孩子用锤子做了不该做的事，那么锤子肯定会被拿走。不难想象，逻辑推理的下一步会是什么。

女孩则不会受到那样的威胁。她们可能会幻想阉割已经发生了，所以不会再构成威胁，也不会让女孩产生对未来后果的恐惧。然而，所有的孩子都会害怕失去爱和认可，这可能就相当于女孩的阉割焦虑。

对于孩子来说（不管是男孩还是女孩），生殖器的差异可能意味着男尊女卑。针对这种情况，父母的处理方式可能会深化这样的观念，也可能会逐渐削弱这样的观念。

性蕾期的固着

固着于性蕾期意味着儿童的性行为并未（完全地）从"自体性欲为主"转变为"与他人性交"。这一时期的固着可以有多种形式。固着于性蕾期的儿童长大后可能认为自慰是最能带来快感的性行为。固着于性蕾期的男孩长大后可能会变得自大而充满攻击性，仅把阴茎作为插入阴道、统治女性的工具，而缺乏爱的能力。在生活的方方面面，他可能会像使用阴茎一样张扬自己的个性。他往往会贬低女性，以自己的男性优越为荣。

固着于性蕾期的女孩长大后可能会觉得自己低人一等，尤其是在与男性的关系上。因此，她会觉得自己必须变得被动并顺从于男性。她可能也会反抗，在生活中展现一种具有侵略性的"男性"姿态。就像固着于性蕾期的男孩一样，她可能也会贬低女性。她可能会怨恨自己的母亲，无意识地认为母亲应该为她的缺陷负责。

特别喜欢跑车、单引擎飞机和枪支的人往往有轻微的性蕾期固着。

严重的性蕾期固着会妨碍一个人从性行为中获得满足。受固着影响的人可能会完全无法进行性行为，或是只能机械地完成身体上的动作，毫无情感交流。

　　固着于性蕾期主要有两个原因。首先，手淫引发的心理冲突会导致性蕾期的固着。在《一个青年艺术家的画像》中，詹姆斯·乔伊斯对地狱景象的描写可以说是触目惊心。一帮爱尔兰男孩受到了神父的警告，若贪享肉体上的欢愉就会下地狱，因此，他们陷入了无尽的心理冲突。如果儿童或青少年被教导手淫是不道德、不健康的，又发现自己已经手淫成瘾，无法摆脱，他们也会产生这样的心理冲突，只不过没那么激烈罢了（和男孩相比，女孩好像不太会因为手淫而产生强烈的心理冲突）。其次，孩子可能会因为发现两性的生殖差异而受到心理创伤。女孩可能会认为没有阴茎意味着低人一等。男孩发现有人没有阴茎后可能会变得非常恐惧，害怕这样的事也会发生在他的身上。他可能会变得谨小慎微、胆战心惊，也可能会通过攻击性的阳具骄傲来抵抗这种恐惧。

潜伏期

　　我们在第一章中已经初步了解到，在潜伏期，大量的性冲动会受到压抑。对此，我们将在第四章中进行更全面的探讨。

生殖期

　　弗洛伊德发现，与他人性交（即与他人分享自己的性快感）的幻想在性蕾期便开始萌芽、生长，但事实上，这样的幻想到了青春期才开始蓬勃发展。弗洛伊德把这段时期叫作生殖期。处于生殖期的青少年尤其关注阴茎与阴道的关系，以及这种关系所暗示的人际性行为。同时，这也是俄狄浦斯情结（第四章的主题）全面发展的时期。当然，在这里我们只需要知道，生殖器发育成熟以前的儿童发展并不意味着他们正向成熟的阶段迈进。虽然孩子在肛欲期的年龄要比在口欲期的大，但从口欲期到肛欲期的发展并不被视为迈向成熟阶段的一步。对于弗洛伊德来说，孩子从自体性欲到产生与他人性交的幻想、欲望的转变才算是向成熟迈出了一大步。

在有关性心理阶段的探讨中，我们看到了各个阶段的固着是如何发生的。正如我们看到的那样，固着的一个最重要的方面是与倒退（即回到更早的阶段或关系以应对挫折或焦虑）的关系。

对倒退的重新审视

弗洛伊德是这样描述倒退的：如果正常性行为的发展在成年生活中受到了抑制，那么婴儿型的性行为很可能会重新出现。对于弗洛伊德来说，这就好比"一股水流被河床上的障碍物挡住了去路，流回了本应干涸的旧河道"。[2]因此，倒退意味着退回到更早的性心理阶段或更早的关系以应对焦虑或挫折。

最初，倒退指的是退回到更早的性适应阶段，但弗洛伊德的追随者扩大了这一概念。例如，倒退可能还包括放弃自立而重新对他人产生依赖（即使早就摆脱了对他人的依赖），或在经历了严重挫折后变得幼稚、好斗。

倒退和固着之间有着很强的关联。某一阶段的固着越强，受到挫折或焦虑的人就越有可能倒退到那个阶段。

　　为了解释固着和倒退，弗洛伊德做了一个类比：想象有一个不断迁徙的部落，每一次转移驻地，他们都会在停留过的地方留下大批的分遣队。先遣队一旦遇到麻烦或遭遇危险的敌人，就会退回到他们留下分遣队的地方。然而，如果先遣队留下的人太多，一旦遭遇敌人，他们极有可能会被打得溃不成军。[3]很多人在恋爱中遇到困难后会退回到性蕾期。他们会发现，相较于复杂的恋爱关系，自慰会更安全，能够带来更多的快感。从事色情产业的人便是利用这一事实而获利的。

　　我的病人切特很想维持他现阶段的婚外情。然而，随着他与情人的关系变得越来越复杂（这很正常），他开始强迫自己把生活安排得井井有条，并且十分固执己见，要求所有的事都必须按照他说的做，几乎要把他的情人逼走。

　　弗兰克是我学生的一位成年病人。他离婚后感到痛苦万分，搬进了父母家，几乎整天都和母亲黏在一起。

　　严重的固着和倒退是造成神经症的重要因素，可在日常生活中，轻微的固着和倒退是很常见的。我有时会问我的学生："如果你明天早上有一篇论文要交，在你不得不面对它之前，你会怎么拖延时间？"有些人报告称，他们会先搞点东西吃。有些人觉得，没整理好桌子或是打扫完房间，他们就写不了论文。我本人固着于性蕾期（众所周知，这很糟糕）。如果是我，我就会去研究一下居家小玩意儿的商品目录。

　　请记住，这些拖延行为并不是随意的，而是有意义的——要么是为了退回到一个更安全的地方，要么是为了摆脱困境。我有一个学生，她小时候曾因为不讲卫生而受到责骂，甚至是惩罚。她学会了"碰到问题，先收拾好自己"。当她担心不能按时完成论文时，这句古老的咒语便从她的内心深处冒了出来，让她不由自主地开始打扫房间。

　　我们在关于部落迁徙的故事中看到，先遣队离开分遣队后并没有停止迁徙。尽管成员所剩无几，寡不敌众，先遣队仍在继续前进。这意味着，性心理阶段的固着并不会阻止一个人进入下一阶段，而是让成年人没有精力来处理他在成人世界中遇到的问题。

　　从性心理发展的角度看，成年人遇到的问题和成年本身都始于青春期。现在，青少年即将面临性心理发展的最后挑战，即俄狄浦斯情结。这便是第四章的主题。

第四章　俄狄浦斯情结

　　俄狄浦斯：神谕曾说我注定要娶自己的母亲，并亲手杀掉自己的父亲。

　　伊俄卡斯忒：在你之前，许多男人都曾梦到与母亲同床。

——索福克勒斯《俄狄浦斯王》

400年来，莎士比亚的《哈姆雷特》一直经久不衰，深深地吸引着万千观众和读者。其中一个原因是，哈姆雷特的动机实在匪夷所思。哈姆雷特的父亲死后不到一个月，母亲便嫁给了她父亲的弟弟。哈姆雷特从他父亲的鬼魂那里得知，他的叔叔，也就是他的继父，勾引了他的母亲并谋杀了他的父亲。他发誓要为父亲报仇，并开始谋划杀掉他的叔叔。整部剧共有五幕，漫长而又精彩：他时而拖延，时而犹豫，时而摇摆不定，时而苦思冥想。我们感到诧异，他为什么如此犹豫不决？我们知道，即使是谋杀，他也完全有能力采取行动。我们看到他毫不犹豫地杀死了一个监视他的老人。为什么他就不能杀了他叔叔那个坏蛋，做个了断呢？长期以来，这个问题一直困扰着无数的观众、读者和学者。

在弗洛伊德看来，哈姆雷特的行为并非完全不可捉摸。他认为，要解释哈姆雷特的行为，关键是要了解一种特殊的现象。这个现象，他称为"俄狄浦斯情结"。

性蕾期（即我们关注生殖器的性心理阶段）最重要的一方面在于，这一阶段首次出现了俄狄浦斯情结。在所有的心理动力学的概念中，俄狄浦斯情结对临床医生来说可能是最为重要的概念。同时，它也能够最大限度地解释我们许多人的内心生活。弗洛伊德反复强调俄狄浦斯情结是他的理论的核心。

弗洛伊德的《梦的解析》首次出版于1900年。他在这本书中引入了"俄狄浦斯情结"这一概念：

> 爱母憎父或爱父憎母是心理冲动的基本组成部分，这些心理冲动形成于童年时期，并在注定要成长为神经症的儿童中对

于决定他们的症状至关重要。一个从古典时期流传下来的传说可以证实我的发现。这个传说具有深刻、普遍的影响力，引起了人们强烈的共鸣。然而，只有人们同样普遍地接受我提出的有关儿童心理的假说，才能理解这个传说的影响力。实际上，我指的就是俄狄浦斯王的传说以及索福克勒斯以该传说的名字命名的戏剧。[1]

在弗洛伊德提到的戏剧《俄狄浦斯王》中，俄狄浦斯生于希腊城邦忒拜，是国王拉伊俄斯和王后伊俄卡斯忒的儿子。拉伊俄斯受到神谕警告，俄狄浦斯长大后会弑父娶母。为了自救，拉伊俄斯把他尚在襁褓中的儿子丢到了山上，任其暴露在荒野中自生自灭。然而，一个牧羊人救了俄狄浦斯，并把他带到了另一个城市。随后，那里的国王和王后收养了他。俄狄浦斯长大后，认为他们就是自己的亲生父母。他得知神谕后便逃离了所在的城市，误以为他的养父正处于危险之中。他在途中遇到了拉伊俄斯，并在争吵中杀了他。后来，他把忒拜从一个可怕的诅咒中拯救了出来，又被立为国王，与丧夫的王后伊俄卡斯忒结了婚。在戏剧的结尾，俄狄浦斯得知自己无意中杀了父亲并娶了母亲后惊恐万分，随即刺瞎了自己的双眼，并离开了忒拜，沦为了一个四处流浪、无家可归的乞丐。

弗洛伊德发现，两千年来，《俄狄浦斯王》一直对观众产生着持续的影响。他认为，这部剧之所以有那么深远的影响，是因为我们在无意识中认识到，俄狄浦斯的故事也是我们的故事，俄狄浦斯出生前被施加的诅咒同样会施加在我们每一个人的身上。弗洛伊德认为，我们必定会经历这样一个阶段：我们渴望与异性父母建立亲密的关系，并对我们的竞争对手，即同性父母产生强烈的嫉妒。他认为，我们之后的心理健康在很大程度上取决于我们能否摆脱这些情感，但我们当中很少有人能完全摆脱。弗洛伊德认为，在我们大多数人身上，这些情感的某些部分仍然存在于无意识中。就像惊恐的俄狄浦斯最终发现自己犯下了滔天罪行那样，坐在观众席中的我们也感受到了潜藏在我们无意识中的那些强烈愿望和恐惧的冲击。

弗洛伊德基于倾听病人讲述自己的性幻想以及他对自我的剖析，得出了以下观点：所有孩子都会有一种无意识愿望，男孩摆脱、取代父亲而独占母亲，女孩摆脱、取代母亲而独占父亲。这些幻想非常危险、可怕，所以它们普遍会被压抑。也就是说，这些愿望仍然深深地埋藏在人的无意识中。尽管深藏心底，这些愿望还是会产生激烈的冲突，继续对人的生活产生巨大的影响。

在我们这个时代，研究精神分析理论的人在读（或写）类似上面这段话的内容时都显得非常随意，好像这个理论已经没什么稀奇的了。根据自己的理论取向，他们可能会想，"哦，这不是废话嘛"或者"简直就是胡说八道"。无论是什么样的反应，这样的习惯性轻视无不削弱了俄狄浦斯情结理论的影响。

然而，如果俄狄浦斯理论是正确的，那么它和无意识理论一样，需要颠覆人们对人类境况的共识。俄狄浦斯情结理论表明，人类生来就处于一场激烈的冲突之中。加德纳·林齐是一位受过行为遗传学训练的社会心理学家，他对这样的冲突进行了生动形象的描述。林齐报告了人类学的观察结果：乱伦禁忌是极少数会被所有社会共有的习俗。为了解释这一观察结果，他提供了大量的证据来证明一个观点，即与远亲交配相比，近亲繁殖产生的后代的适应和生存能力较差，因此只有禁止乱伦的社会才能够存活下来。此外，对禁忌的需要意味着，有一个非常强烈的冲动必须受到抑制。"如果没有表达禁忌行为的普遍冲动，也就不太可能会有设立禁忌的普遍选择。如果没有人想要做出某个禁忌行为，那么整个文化也不会关注这样的禁忌。"[2]林齐认为，无论削弱俄狄浦斯情结的中心地位（就像许多精神分析修正主义者所做的那样）对改善该理论的公共关系有多么大的影响，这样的行为就是在剥夺精神分析理论的核心见解。

自从弗洛伊德首次提出俄狄浦斯情结以来，人们对该理论的普遍性问题产生了广泛的兴趣。即使有大量的临床证据表明俄狄浦斯情结在我们的社会中屡见不鲜，相关的问题仍然存在：俄狄浦斯情结到底是我们的社会所特有的，还是我们的社会类型所特有的，抑或是全人类所共有的呢？

人类学家艾伦W.约翰逊和精神病学家道格拉斯·普赖斯·威廉姆斯在其著作《无处不在的俄狄浦斯》[①]中探讨了这一问题。正如其书名所示，他们发现俄狄浦斯情结，至少在男孩身上的确是普遍存在的。也就是说，俄狄浦斯情结存在于各种文化的民间故事中：

> 我们发现，并没有足够多的证据表明只有等级森严的父权制社会的故事才会有"男人争夺同一家族的女人"的主题。相反，……以"男孩想要取代父亲而成为母亲的丈夫"为核心内容的故事广为流传。

---

① 一项对民间故事的重要跨文化研究。——译者注

在弗洛伊德所在的维也纳之外，这些故事的力量非但没有减弱，反而在更加遥远的社会中被描写得更为大胆——主角犯下的谋杀和乱伦并非意外，而是蓄意为之的罪行，而且他们在犯下这些罪行后，毫无内疚或悔恨之意。当然，在大多数情况下，他们都受到了某种惩罚。……没有一个社会会对"与俄狄浦斯情结有关的犯罪"行为心慈手软。[3]

长期以来，弗洛伊德的批评者认为俄狄浦斯情结只存在于男性主导、阶级分明的社会中，是这种社会产生的恶果。约翰逊和普莱斯·威廉姆斯报告称，俄狄浦斯情结在他们研究的所有文化的民间故事中都是普遍存在的。阶级社会（比如我们这样的社会）和非阶级社会的主要区别在于，相较于我们这样的社会，非阶级社会很少会掩饰（即压抑）故事中与性和攻击有关的内容。

弗洛伊德认为，俄狄浦斯情结是遗传的，其遗传基础是在拥有多种演化可能的类人猿最终进化成人类的数百万年中奠定的。还有的人认为，俄狄浦斯情结是儿童在社会化经历中习得的结果。可是不管我们追随哪方，俄狄浦斯情结显然会发生在大多数孩子的身上，并且等到他们长大成人，有了自己的家庭后，还会继续影响他们的情感生活。这就是两位作者从研究中得出的结论。

民间传说的证据支持俄狄浦斯情结的假说，因为它影响男孩。然而，两位作者并未发现同样的证据适用于女孩：

通过世界民间文学的视角可以发现，女孩的俄狄浦斯情结与弗洛伊德想象中的有很大不同。在探讨男孩的俄狄浦斯情结时，我们遵循……弗洛伊德的观点，即强调母子之间的情欲和父子之间的敌意。然而，我们在观察女孩的情况时发现，最常发起乱伦行为的是女孩的父亲。女孩通常不会回应父亲对自己的性趣，也不会把母亲看作竞争对手。[4]

另外，两位作者还补充说，他们的确发现了少数描写女儿对父亲发起性行为的故事。因此他们推断，在家庭成员之间的无意识关系中，性欲或敌对情绪很少是单方面的。然而，鉴于哥哥对妹妹发起性行为的故事居多，他们报告称，总的来说，人们倾向于将男性视为表现性趣的一方，而将女性描绘成抵抗、冷漠或被动默许的一方。

也许，这项研究揭示的一个基本事实就是，至少就乱伦而言，男性比女性欲望更强，表达欲望的方式也更为直接。然而，还有另一种可能性。我们将在本章后半部分看到，精神分析师杰西卡·本杰明认为西方文化中的男性（或许是所有文化中的男性？）往往想要否认女性有性欲。这一假说有其临床上的证据，其背后也有大量的逻辑支撑。我们文化中（以及其他文化中）的文学作品大多都会涉及男性害怕被不忠的女人背叛的话题。例如，在莎士比亚的戏剧中，一旦某些人物听说自己的男性朋友订婚了，一个常见的反应便是开他的玩笑：他肯定会被戴绿帽子。如果丈夫需要担心的只是其他男人的欲望，这种威胁可能会小一些；如果他还需要担心妻子的欲望，危险就会成倍增加。我们从这些民间故事中所观察到的模式可能代表了全人类所共有的一种防御机制，以抵抗对女性欲望（至少是乱伦欲望）的恐惧。

有大量临床证据表明，至少在我们的文化中，女孩也会经历俄狄浦斯情结。相较于男孩，俄狄浦斯情结对女孩的影响有很大不同。我们将在下文中详细地探讨这些不同。

约翰逊和普莱斯·威廉姆斯指出，我们当中很少有人会对自己或他人坦白，对至亲有着矛盾的情感。这样的情感是人类从祖先那里遗传而来的，为我们每个人所共有。两位学者断定，即使是极为内省的人，包括那些能够理智地接受"亲人之间的乱伦和攻击冲动非常普遍"的人，也很难发现自己有这样的感觉：

> 对我们来说，这表明控制这些冲动行为对人类具有极为重要的作用，因为这样的冲动行为很可能会摧毁一个核心家庭以及我们基本生存所依赖的更大的社会单位。显然，性冲动和攻击冲动是如此的危险，仅仅承认它们的存在也是被禁止的。[5]

自从弗洛伊德首次描述俄狄浦斯情结以来，精神分析学家越来越重视父母应对孩子的俄狄浦斯情结的方式。有些人（例如海因茨·科胡特）甚至认为，正是因为俄狄浦斯情结结合了来自父母的性诱和威胁（无论多么微妙），才给青少年带来了这么多的困扰。因此，如果父母能够在孩子的青春期给予他们关爱，并且足够敏感，俄狄浦斯情结就不会给他们带来任何问题。然而，很少有精神分析学家持有这样的观点。大多数人认为，父母几乎不可能做到那样敏感。这意味着父母要顺利地通过一个又一个两难的境地。例如，既要积极地肯定青少年蓬勃发展的性欲望，又不能向他们表现出任何性诱惑力，要做到这点实在不容易。现在，大多数精神分析学家认为，即使是在最乐观的情况下，俄狄浦斯情结及其解决方法还是会给孩子带来许多困扰，而父母的反应则会使解决这些困扰变得更容易或变得更困难。

最初，弗洛伊德在治疗患有神经症的女性时受到了极大的震撼，因为她们经常会讲述自己在童年时期与成年人（通常是她们的父亲）的性经历。对此，弗洛伊德提出了一个理论，即早期的性经历很可能会导致孩子在成年后患上神经症。弗洛伊德认为这是一个重大发现，这一理论很可能会让他声名远扬。然而，弗洛伊德逐渐发现，有些故事中描述的情况可能并不是真的。他并不想承认这一点，但他不得不怀疑，有些故事可能仅仅是病人的幻想。过了几年，他才发表了这一发现。可不管怎样，无论这对他的第一个理论造成了多大的损害，他的发现都极大地增进了我们对人类心理的理解。弗洛伊德的理论让我们首次认识到，幻想具有非凡的力量，而且在心灵中的某个地方，幻想和现实缺乏明确的界限。同时，他的理论也是发现初级过程和压抑的开始。

20世纪80年代和90年代，关于这一理论的文章层出不穷，有许多争议都围绕该理论展开。杰弗里·马森在《对真理的攻击》[6]中称，正是政治上的懦弱导致弗洛伊德放弃了"神经症是由成人性诱儿童引起的"的理论，即"性诱惑论"。可真实的情况是，弗洛伊德直到生命的最后一刻都相信，对儿童的性虐待比以前所认为的更为普遍，且性虐待的确会对儿童产生灾难性的后果。他还相信，儿童有可能混淆对性的幻想和现实。马森指责弗洛伊德懦弱，但在当时，弗洛伊德关于儿童性欲的新理论可能要比"性诱惑论"更加危险。19世纪的维也纳医生宁愿相信有些男人是混蛋，也不愿相信自己的孩子有性欲和性冲动。

这场争论获得了极大的关注。现在，已经有很多人认为，所有的情感问题都源于早期的性虐待（即使当事人完全不记得有这回事）。的确，一些有关性虐待的痛苦回忆会受到压抑，而揭露它们往往有治疗的作用。然而，"性虐待是所有情感问题的根源"的观点已经产生了一些意外后果。如果治疗师坚持认为性虐待的经历是所有病人的首要问题，病人就很可能会觉得"回忆"这些经历是自己难以抗拒的义务。因此，一些无辜的父母和儿童保育工作者常常被置于危险的境地。[7]

现实生活中，针对儿童的性虐待频繁发生，这样的悲剧无疑令人痛心。然而，源于父母无意识的、微妙的性诱惑似乎更为常见。这种微妙的性诱惑也可能会成为问题。如果这样的性诱惑与孩子的无意识愿望相匹配，就会给孩子带来巨大的困扰。不难看出，父母的反应既能增加俄狄浦斯情结的危害，也能减少它带来的风险。

弗洛伊德的俄狄浦斯情结理论有3个重要观点：

1. 俄狄浦斯情结的理论能够让我们（尤其是临床医生）了解有关无意识精神生活的重要信息。

2. 这一理论所描述的现象是人类境况中不可避免的一部分。它包括男性和女性对自己和彼此的态度。在弗洛伊德看来，这意味着男性的直接、主动和女性的性诱、被动。

3. 总的来说，弗洛伊德认为男性的直接、主动和女性的性诱、被动可能是最好的安排。

这3个观点都遭到了反复、尖锐的批评。精神分析修正主义者挑战了弗洛伊德的观点，认为俄狄浦斯情结并不存在。许多批评家（尤其是女性主义精神分析学家）接受了俄狄浦斯情结的存在并完善了它的概念，但他们依旧认为，俄狄浦斯情结在我们的文化中所呈现的形式在很大程度上是文化的产物，而并非不可避免。同时，这些批评家指出，弗洛伊德的第三个观点是赤裸裸的性别歧视，并竭力阐明这一观点中的不当之处。

在这里，我们将采纳女权主义精神分析学家的立场：不管前两个观点有什么样的缺陷，不管这一理论有什么优缺点，俄狄浦斯理论都告诉我们关于无意识精神生活的重要信息。如果临床医生没有掌握这一理论，他们的工作将会受到严重限制。

弗洛伊德一直致力于完善和阐释俄狄浦斯理论。同样，他的同事和追随者们也积极地开展了相关研究。关于俄狄浦斯情结的发展，可能没有任何一个说法能让所有理论家都认同。下面的说法可能不会引起较大争议，对我来说也许是最有用的。这在很大程度上归功于女权主义精神分析学家杰西卡·本杰明[8]和南希·乔多罗的工作。[9]

首先，我们从观察社会的某些方面开始：

1.母亲是孩子生命中最重要的照顾者之一，她负责生育和提供奶水，这是不可改变的事实。因此，大多数孩子可能会永远把母亲作为首要的照顾者——她是那么的温柔体贴，让人想投入她的怀抱，得到她的呵护。

2.男性占据着家庭之外的世界。父亲很可能代表着外面的世界。他可能更适合和孩子一起打闹，而不是提供温柔的呵护。与母亲相比，父亲的身体则更为强壮。

3.我们一直生活在一个男人的世界。男人有权威，处于支配的地位。杰西卡·本杰明认为，父权制深深地植根于我们的文化之中，要把它从文化的集体无意识中剔除并不是一蹴而就的。因此，无论父母多么开明，想要减轻父权制观念对孩子的影响（当然，杰西卡·本杰明认为父母这么做非常重要），孩子在无意识中仍然会在未来的几年里被文化中的男性主导的观念打上烙印。当然，本杰明并非完全悲观，她在鲜明的性别平等运动中瞥见了一个全新的世界。

男孩和女孩都会得到母亲的呵护，这就建立了一种强大的纽带，一种可能从未断裂的纽带。可对孩子来说，这一纽带有一个可怕的方面：相较于尚不能自立的孩子，母亲具有压倒性的强大力量，所以孩子发展个性和自主性的前景可能会受到母亲力量的严重影响。用精神分析理论的话来说，这种安全与自主之间的冲突被称为"和解冲突"。

这个概念的来源非常有趣，对我们现在的研究具有重要意义。玛格丽·马勒是最权威的精神分析学家之一，主要研究婴儿及其发展。她在维也纳开启了儿科医生的职业生涯，并于20世纪30年代移民到美国。[10]她发现，孩子在出生后的第二年会面临"依赖"和"自主"之间的强烈冲突。一方面，孩子渴望与母亲进行身体接触，得到她的保护；另一方面，孩子发现外面有一个广阔的新世界值得探索，并渴望感受到力量和自由。针对这场冲突，母亲或多或少有一些温和的解决办法。然而，这样的冲突仍是不可避免的，并会对孩子产生终生的影响。马勒发现，孩子会在"依赖"的冲动和"自主"的冲动之间不断摇摆，但如果母亲能够给予孩子足够的关爱和支持，她就能帮助孩子将之后的"被抛弃"和"被爱吞没"的冲突最小化（当然，可能没人能完全逃过这样的冲突）。马勒将这一阶段命名为"和解期"，因为在这之前的发展阶段，孩子对母亲的身体接触表现出较少的兴趣，常常让母亲感到自己被孩子抛弃。在和解期，孩子与母亲亲近的渴望被重新唤起，即一种和解。然而，正如我们上面所看到的，这种和解是不连续的。

如果这是一部家庭剧，现在该父亲入场了。从一开始到整个和解期结束，父亲的角色并不如母亲重要。一般来说，父亲不像母亲那样经常陪在孩子身边。同时，父亲也代表了外部世界以及所有令人神往的自由。他似乎比母亲更有力量，更加强壮。在一个赋予男性支配地位的世界，他是一个男人。别忘了，母亲的力量远远高于孩子；母亲的力量一直都是恐惧和约束的象征。随着父亲在剧中的角色变得更加重要，孩子发现了一种可以与母亲的力量抗衡的方式：与父亲建立联系。

现在，男孩和女孩面对的剧情变得截然不同。男孩知道自己和父亲有一个重要的相同点，即他们都有阴茎，而母亲或姐姐/妹妹则没有。相反，女孩意识到自己没有阴茎，和父亲有着明显的区别。弗洛伊德认为，孩子的这一发现是非常重要的。他认为，男孩和女孩都会觉得没有阴茎的人是不完整的、低人一等的，并进一步推断，孩子极有可能会假设，女孩曾有一个阴茎，但已经失去了它。弗洛伊德认为，这样的假设会让男孩觉得被阉割的危险极有可能会发生在他的身上。同时，这样的假设也会让女孩终生承受着"阴茎嫉妒"的心理负担，极大地影响她们之后的心理状态。毫无疑问，对弗洛伊德来说，男性以及所有与男性气质相关的东西（包括阴茎）都具有内在的优越性。正是这样的信念导致了弗洛伊德对上述现象的解读。他的偏见太过明显，以至于人们很容易忽视他关于阴茎重要性的理论，早期的女性主义批评家就是这样的。然而，一些当代的著名女性主义精神分析学家意识到，这些理论的要素在临床上是不可或缺的。因此，她们开始重新审视这一现象。

首先，我们来看一下俄狄浦斯情结在男孩身上的发展。对于男孩来说，他们在5岁左右就会发现父亲有望与母亲的可怕力量抗衡。父亲和母亲一样强大，也许会更加强大，而认同父亲能让男孩感受到自己的力量。父亲有阴茎，这一点非常重要。这就是他和母亲的区别，也是父子相似的重要标志。阴茎象征着父亲的力量，儿子最终能获得的力量以及男性的力量。男孩认同他的父亲，从而保护自己不受母亲的影响。他是男性，是完整的人。父亲接纳了他，承认他是个男孩，因此认同了他。就这样，男性间的兄弟情谊建立了起来。

虽然男孩摆脱了母亲的可怕力量，但母亲仍然是他的初恋。随着男孩认同父亲并意识到阴茎的重要性，他对母亲的爱就会逐渐呈现出一种新的形式——情欲。除了对父亲的爱与认同，男孩还发现父亲是争夺母爱的对手，因此对父亲产生了怨恨和敌意。这就是男孩的俄狄浦斯情结：对母亲的早期依恋呈现出重要的情欲，而父亲成为竞争对手（在某种意识层面上，男孩仍爱着父亲）。与这样一位强大的对手竞争是非常危险的。因此，男孩对父亲的复杂情感中还存在另一种情绪——恐惧，实际上，有两种情绪——恐惧和罪恶感。在男孩的无意识生活中，有两个最为忌讳的欲望，即乱伦和弑

71

父，这不可避免地将他置于尖锐而痛苦的冲突之中。正如我们在第二章所探讨的那样，在初级过程中，"温和地取代父亲"和"杀死父亲"的想法之间并没有什么区别。我们在考虑俄狄浦斯情结的解除时就会发现，青少年最重要的一个任务就是从恐惧和罪恶感中走出来。

男孩对母亲的依恋以及对父亲的敌对情绪极有可能是父母一手促成的。母亲对宝贝儿子的依恋本身就可能是一种性诱惑，无论这种性诱惑有多么微妙（我们会在下文中简要探讨其原因）。有时，男人会开玩笑说，他们的妻子被刚出生的儿子给抢走了。通常这不仅仅是个玩笑，对于一些女人来说，刚出生的儿子就是她们一直在等待的男人。这样的婚外情不会造成任何冲突，完全由母亲和儿子掌控。另外，这样的婚外情既满足了情欲，又没有走到性交的那一步，所以母亲和儿子不会有任何性罪恶感。

虽然父亲已经认同、接纳了儿子，并将他视作自己的好哥们儿，但父亲的感情其实是极其矛盾的。在他面前的是即将取代他的新一代（这样的情景颇具戏剧性），是一个拥有无限潜能的年轻人。反观不断衰老、走向死亡的自己，这样的对比让他不安。同时，我们必须承认，许多男人都会忍不住想要与一个他们可以完全支配的男性进行对抗。但最重要的是，儿子现在是与他争夺妻子的竞争对手，这让父亲充满了竞争的欲望，有时甚至是敌意。让我们回忆一下俄狄浦斯故事的开头：故意犯下罪行的并不是俄狄浦斯，而是拉伊俄斯——他试图谋杀自己无辜的幼子。因此，经常有人提议将这种情结称为"拉伊俄斯情结"。

在我们的文化中，有一个重要主题占据了我们的生活和文学。

我们常常会看到父亲对儿子心存敌意，怀疑无辜的儿子会谋害自己的故事。莎士比亚的作品中不乏这样的例子：麦克白杀了苏格兰国王邓肯后，邓肯的儿子们理所当然地认为他们会被指控犯罪，随后逃之夭夭；亨利四世深得儿子哈尔的爱戴，但亨利四世认为儿子巴不得自己快点死，以便早日登上王位。大多数心理治疗师报告称，很少有男病人会从父亲那里感受到爱和支持。我的一个病人回忆说，在他10岁左右的时候，他的父亲教他打了一次拳击。他听从父亲的指示，想打他一拳，结果歪打正着打中了。他的父亲勃然大怒，立马回了一拳，把他打倒在地。他的父亲低头看着他，恶狠狠地说道："不准再对我做那样的事。"这个故事比大多数的故事都更有戏剧性，但相似的主题几乎无处不在。

关于父亲对儿子的敌对竞争现象，人类学家约翰·怀廷的研究给我们带来了新的启示。[11]在某些一夫多妻制的文化中，婴儿在出生后的第一年会和妈妈们睡在一起，而父亲是不准上床的。在这样的社会中，男孩的青年礼往往会比其他文化中的要更为严格。包括男孩父亲在内的成年男性会对男孩施加巨大的伤害，往往包括生殖器切割，以引领他进入男人的世界。不难想象，儿子把父亲从母亲的床上端了下去，让父亲产生了无意识的愤怒。在无意识力量的驱使下，父亲对进入青春期的男孩进行了象征性的阉割。

现在，我们来探讨一下俄狄浦斯情结在女孩身上的发展。这将涉及一个复杂的问题。男孩的俄狄浦斯情结的对象是同一个人，即从一开始就深爱、渴望着的母亲。然而，女孩通常会从对母亲最初的依恋转移到一个新的爱慕对象，即她的父亲。

女孩和哥哥/弟弟一样，也需要找到一个办法与母亲的压倒性力量抗衡。她也需要帮助，以摆脱母亲，寻求独立。她也会向父亲寻求帮助，可父亲让她大失所望。她不能像她的哥哥/弟弟那样认同父亲。她非常清楚自己和父亲在生理上的显著差异：她没有阴茎。通常来说，父亲不会像对待男孩那样接纳女孩，让她成为自己的好哥们儿。相反，他更倾向于把女孩当作一个可爱、迷人的小女人。女孩意识到，没有阴茎的第一个痛苦后果是：虽然父亲可以保护她不受母亲压倒性力量的影响，可以支持她独立自主、发展个性，但她不被父亲接纳，无法与强大的父亲建立认同和兄弟情谊。

如果父亲不愿接纳女孩做自己的好哥们儿，如果女孩没有能力成为父亲的哥们儿，那么女孩怎样才能让父亲帮助她摆脱母亲的束缚呢？这一问题的答案可能是这样的：母亲对父亲的爱是性爱，而女孩对母亲仍有强烈的认同。父亲认为女孩可爱又迷人。虽然她没有阴茎，但她可以成为父亲的情人，可以拥有父亲并获得父亲的力量。因此，女孩对母亲的依恋转移到了父亲身上，进而将父亲视作主要的爱的对象。

现在，女孩和母亲的关系变得极为复杂。母亲是她的初恋，也是她认同的对象。可现在，母亲是和她争夺父爱的对手，这就是女孩身上的俄狄浦斯情结，即对父亲的情欲、与母亲的竞争以及由竞争引发的困惑、矛盾和愤怒。母亲拥有强大的力量，所以女孩对母亲总是又爱又怕。现在，女孩对母亲的恐惧又有了一个新的理由。像男孩一样，女孩也会产生强烈的无意识罪恶感。

我们已经描述了男孩和女孩的俄狄浦斯情结发展的相似之

处。他们都害怕母亲的压倒性力量，都会向父亲寻求庇护。他们都渴望异性父母的爱，并视同性父母为竞争对手。同时，我们也看到了他们的不同之处：男孩依靠与父亲的相似性以获得保护，而女孩靠的是性诱惑力。男孩对一直深爱着、依赖着的母亲的渴望始终不变，而女孩对母亲的爱必须转移到对父亲的爱和渴望中。

现在，我们来到了儿童发展中的一段特殊时期：俄狄浦斯情结的解除。这段时期对儿童未来的发展至关重要。现在，孩子的处境变得难以维持，岌岌可危。如果是一个女孩，那么她已经无法取代母亲成为父亲的情人。现在，她的任务是从这个难以维持的处境中解脱出来，这样她才最有可能获得健康的青春期，成长为健康的成年人，这意味着她需要尽可能地进行性适应（但绝不限于此）。解除俄狄浦斯情结的方式将影响她能否欣然接受自己成年女性的身份。同时，这也会对她与男人以及其他女人的关系产生重大影响。

需要指出的是，男孩和女孩在解除俄狄浦斯情结的道路上会遭遇各种各样的危险。女孩在面对性行为或与较为年长的女性建立关系时，可能会产生强烈的罪恶感。她可能会在性别认同方面产生强烈的冲突。她可能会因为无法对同一个人产生性欲和爱，而让自己的爱情生活受到严重的阻碍。男孩也面临着同样的任务和危险（尽管我们会看到，男孩和女孩还是有一些不同之处）。也许，没有人能在不受到创伤或背负持久的心理重担的情况下从这场发展的危机中走出来。如果父母足够敏感，给予孩子足够的关爱，他们就可以将孩子的心理负担降到最小（但可能无法完全消除）。

弗洛伊德认为，俄狄浦斯情结的发展可以分为两个阶段。第一阶段出现在性蕾期。我们在上文探讨的就是第一阶段，而俄狄浦斯情结的解除正是在这个阶段开始的。第二个阶段出现在青春期之后。在这个阶段，俄狄浦斯情结开始快速消退。这两个阶段之间的部分，弗洛伊德称为"潜伏期"。

潜伏期

潜伏期大约从6岁开始，一直持续到青春期。在潜伏期，性蕾期的性冲动会受到压抑，俄狄浦斯情结也不例外。弗洛伊德认为，在这一时期，大多数儿童的性欲都会受到压抑。他还认为，正是社会化和本能发展的过程促成了这一切。对乱伦幻想的恐惧很可能是潜伏期压抑的主要原因。然而，弗洛伊德承认，许多孩子在这段时期仍会经历强烈的性冲动。在我们的文化中，这些性冲动表现为手淫，而在接受手淫的文化中，包括性交在内的儿童性行为在青春期前的几年会经常发生。看样子，乱伦禁忌和俄狄浦斯情结是普遍现象，但潜伏期似乎是某些文化所特有的。然而，即便是在宽容的文化中，也很少有证据表明俄狄浦斯情结是否受到了压抑。

在弗洛伊德看来，潜伏期是至关重要的，因为潜伏期可能是导致人类患上神经症的原因之一。根据弗洛伊德的推理，包括俄狄浦斯情结在内的性欲会在性蕾期得到最快速的发展，并在之后的社会化过程中受到阻碍。在这个过程中，孩子可能会产生罪恶感、羞耻甚至厌恶。最终，性欲受到了压抑。当荷尔蒙突然涌入系统、冲破压抑的屏障时，潜伏期将宣告结束，所有性欲的意识将被重新唤起。其中的危险在于，潜伏期的压抑可能会给孩子留下心理创伤。现在，青少年所面临的问题可能是发展问题中最困难的一个：他/她必须让性冲动与柔情、爱的冲动互相协调，让这两条河流彼此交汇。有性欲却不能爱、能爱却没有性欲是严重的心理负担。而且，这样的现象极为普遍，着实令人痛心。弗洛伊德怀疑，是否真的有人能完全摆脱这样的问题。他认为，潜伏期的到来会让性爱和谐变得更加难以实现。如果性欲的发展能够畅通无阻，不受大规模压抑的阻碍，那么成年人的性发展将更有可能变得性、爱和谐，健康平稳。

生殖期

俄狄浦斯情结的解除

大量的荷尔蒙将推动孩子进入青春期。由此，他们进入了弗洛伊德所谓的"生殖期"。在这个时期，孩子将面临一个重要任务，即解除俄狄浦斯情结。解除俄狄浦斯情结的种子可能在性蕾期就被播下，现在，这枚种子开始茁壮成长。正如我们在上文中看到的，解除俄狄浦斯情结的方式在很大程度上决定了青春期的孩子应对青少年和成人性行为的方式。

俄狄浦斯情结的解除可以有多种形式，但有一点似乎是普遍的：在很大程度上，青少年必须从对父母的性依恋中解脱出来，并找到一种方法将性能量引导至合适的人选。要进行健康的性适应，青少年在与新的对象建立联系时，就得摆脱对父母的无意识固着。

　　要摆脱俄狄浦斯情结的欲望对象并转向新的对象，并不是一件容易的事。然而，如果父母能够保持敏感并给予配合，这样的转变就不会那么困难。父亲所面临的任务需要他格外小心：既能充满爱意地肯定女儿迷人的女性气质，又不能表现出任何性诱惑力。母亲在处理儿子的俄狄浦斯情结时也面临着相似的任务。重要的一点是，男孩并不觉得自己比父亲更能吸引母亲，女孩也不觉得自己比母亲更能吸引父亲。

　　弗洛伊德认为，最大限度地解除俄狄浦斯情结（尽管很少能完全实现）将实现一种异性恋适应[①]，即青少年/成年人能够在同一个人上体会到爱和性欲。也就是说，他/她有性欲的同时也能爱，能爱的同时也有性欲。

　　最近的研究表明，某些同性恋者似乎天生就有强烈的同性恋倾

[①]　"异性恋适应"这个词符合弗洛伊德的观点，即异性恋适应是解除俄狄浦斯情结后的理想状态。令人惊讶的是，在弗洛伊德所在的时代和文化，弗洛伊德对同性恋竟没有任何恐惧。曾有一位美国妇女写信给弗洛伊德，问他精神分析是否可以治愈她儿子的同性恋取向。这件事非常有名。以下节选自弗洛伊德于1935年给她的回信："亲爱的女士，……我从您的信中得知您的儿子是同性恋。最让我印象深刻的是，您在说明他的情况时都没有提到这个词。我能问问您为什么这么忌讳这个词吗？当然，同性恋不是什么优点，但也不是什么丢脸的事，更不是罪恶和堕落。同性恋不能被归为一种疾病。我们认为同性恋是性功能的一种变异，是由性发展的某次停滞造成的。不管是在古代还是现代，有很多备受尊敬的人都是同性恋，还有一些人可以称得上是伟人（如柏拉图、米开朗基罗、达芬奇等）。把同性恋当作犯罪来迫害是不公正的，也是极为残忍的行径。如果你不相信我，可以读读哈夫洛克·埃利斯的书……"

向。无论他们有怎样的童年经历，都极有可能会选择成为同性恋。这样的发现并不会让弗洛伊德感到惊讶。弗洛伊德认为，我们在某种程度上都是双性恋者，只不过在异性恋和同性恋倾向之间的平衡存在着明显的个体差异。

弗洛伊德认为，要成功实现爱与性欲的结合，俄狄浦斯情结就必须被消除——不是压抑，而是彻底摧毁。如果俄狄浦斯情结受到压抑，那么它将会继续产生破坏性的影响。然而，若是能够解除俄狄浦斯情结，即俄狄浦斯情结甚至都不存在于无意识中，个体将获得自由，能够尽情地享受快乐的成年性生活。尽管这个目标令人向往，但我们并不清楚弗洛伊德或他的任何追随者是否真的相信俄狄浦斯情结能够被完全解除。弗洛伊德认为，理论上，由于男孩会对阉割产生强烈的恐惧，所以男孩的俄狄浦斯情结会比女孩的要更容易解除。

"积极的"消除

为了实现快乐、协调的异性恋生活，青春期的男孩开始认同他的父亲，从而放弃了危险、艰难的竞争。他（无意识地）下定决心，要像父亲一样找到一个像母亲一样的好女孩。然而，由于男孩已经放弃了竞争并接受了乱伦禁忌，母亲显然已不再是合适的人选。

同样，青春期的女孩开始认同母亲，放弃了艰难的竞争，并开始寻找一个像父亲一样的男人。弗洛伊德将这个过程称为"积极的"消除，并认为实现"积极的"消除的孩子最有可能成长为一个心智健全的成年人。同时，他还认为"积极的"消除（如果

79

有的话）很少能取得最佳效果，让青少年完全不受俄狄浦斯情结的困扰。

"消极的"消除

弗洛伊德在关于俄狄浦斯情结的早期著作中用"消极的"消除来描述"青少年转变为同性恋以放弃竞争"的现象。"消极的"消除可以通过多种方式实现。弗洛伊德谈到了一位病人，这个病人很想和她的父亲生个孩子。当她对父亲的渴望达到顶峰时，她的母亲却怀孕了。女孩感觉自己受到了背叛，顿时愤怒不已，认为她父亲把她想要的孩子给了她母亲。愤怒的她不但拒绝了父亲，还拒绝了所有的男人，彻底变成了一个同性恋者。此后，她对母亲充满了矛盾的情绪，其中有很大部分情绪是一种竞争性的敌意。另外，她还保留了她在童年时期对母亲的大部分依恋，所以她还会时常因自己有这样的情绪而产生强烈的罪恶感和痛苦。为了应对这种罪恶感，她象征性地把母亲当作欲望的对象，并爱上了一个会让她想起母亲的女人。同时，这个女孩成为同性恋后，就把勾搭男人的机会都让给了她的母亲，从而避免了在这个问题上与她竞争。

弗洛伊德的这个案例包含了一个最重要、最有价值的观点：对失去一个人的普遍反应是认同失去的人，将那个人或那个人身上的某个重要部分内化，从而在心理上消除失去那个人所带来的影响。弗洛伊德在一篇关于哀悼的论文中描述了这一现象。他在文中展示了这一现象如何加强了病人的同性恋倾向：她失去了父亲后，从某种意义上也成为他，即成为一个喜欢女人的人。

　　曾有一位男病人因为偶尔的同性恋冲动而向我寻求帮助。他认为自己是异性恋者，只和异性发生过性关系，而且有老婆，有孩子。可他的异性恋生活一直不如意，貌似以后也不会好转。每隔一段时间，他就会有一种不可抗拒的冲动，想要找一个同性伴侣。他会走出家门，到镇上的一个有名的男同聚集区闲逛。他不敢和任何人搭讪，也从不回应任何人的示爱，仅仅是在街上闲逛就足以让他获得一些满足。随后，一股强烈的羞耻感便吞噬了他。

　　自打记事起，他就知道他的父亲是一个采花贼，明目张胆地在外鬼混，经常夜不归宿。他的父亲丝毫不想掩饰他对妻子的不忠。我的病人回忆说，他一直渴望与父亲建立联系。经过交谈，我们意识到，他在成长的过程中一直认为他的父亲只对性关系和提供性关系的女人感兴趣。最终，他开始无意识地相信，如果他也能提供性关系，他的父亲就会爱他。他在街上游荡着，无意识地想要找到他的父亲并跟他搭讪。

爱与性欲的割裂

　　正如我们在前文看到的，弗洛伊德认为，在一个人的性发展过程中，一个关键而又艰巨的任务是让性冲动与柔情、爱的冲动彼此交汇，互相协调。可弗洛伊德怀疑，没有人能完全做到这一点。他的实践经验告诉他，许多人因性爱冲动的割裂而深受其苦。流行文化把这种现象称为男人的"圣母妓女情结"（尽管这种现象也会发生在女性身上）。

　　从俄狄浦斯情结的角度看，这一现象背后的原因在于乱伦禁忌禁止孩子对父母产生性欲。我可能会对我的母亲产生柔情和爱的感觉（事实上，我不应该没有），但我必须压抑我对她的性欲。同样的现象也会发生在女孩和她父亲的关系中。所以，如果我长大后还受到该冲突的影响，那么当我想找一个我爱的女人时，实际上我是在找两个女人，或是两种女人。我遇到了一个"像母亲一样"的女人——我在她身上感受到了柔情与爱，我想把她介绍给我的父母，并娶她为妻。假如乱伦禁忌抑制了我对这些"体贴"、"高尚"或"有修养"的女人的性冲动（或轻微，或严重），我就会寻找一些完全不同类型的女人来分享我的性欲。众所周知，在南北战争前的南方，上流社会的年轻男子常常会和富家少女约会、结婚，可与此同时，他们又会和奴隶在棚屋里做爱。这种情况如今依然存在：在我任教的大学（即加州大学圣克鲁兹分校），兄弟会的男生一般会和姐妹会的女生约会，可能还会与她们结婚。但为了做爱，他们会选择越界。很难想象，那些"好"女孩的婚后性生活会变成什么样。虽然爱和性欲的割裂在其他人的身上表现得不那么明显，但这一问题仍然会给人们带来困扰。

俄狄浦斯情结的胜利者

我们在上文中看到，父母既可以促进也可以妨碍俄狄浦斯情结的解除。俄狄浦斯情结的一个最常见、最具破坏性的结果是孩子认为自己在与同性父母的竞争中获得了胜利。孩子获得胜利的方式有很多种。对于女孩来说，要认为自己是俄狄浦斯情结的胜利者，她必须得到这样的信息：要么她母亲放弃了竞争，给她让位；要么她父亲更喜欢她而不是她母亲。即使没有实际的性虐待发生，父亲对女儿的偏好也可能是性方面的。父亲可能会在充满活力的女儿身上看到年轻时候的妻子，并向女儿传达出明确的性诱信息。或者，他可能会觉得他的女儿是一个更好的陪伴者或是善解人意的倾听者。

母亲给女儿让位的方式有很多种，最简单的方式莫过于在女儿还未成年的时候死掉。除非父亲足够敏感，否则女儿很可能会觉得自己突然晋升成为妻子。还有一种可能的情况是，夫妻离婚后把女儿留给了父亲，或是母亲对父亲失去了兴趣，并发出了让女儿接替她的信息。

别忘了，这些设想都发生在俄狄浦斯情结的背景下，意味着女儿在无意识中会热切地渴望胜利。这就是为什么胜利会带来这么多的伤害。让我们再次回顾一下，在初级过程的领域中，愿望等同于行为："我想把她从他身边弄走。我做到了。"现在，女儿无意识地相信，她故意犯下了两种最可怕的罪行：乱伦和弑母。如果乱伦只是象征性的，她自然会好受很多。可不管怎样，这是心理上的乱伦和弑母。由此，她成为强烈罪恶感的牺牲品。

在成长的过程中，认为自己是胜利者的女孩往往会对成年女性（尤其是年长的女性）产生罪恶感和恐惧感。她们无意识地相信自己故意偷了母亲的东西，所以一些年长的女性会报复她。这种罪恶感源于她们的一个信念，即她们引诱自己的父亲进行了象征性的（甚至是实际的）乱伦。这样的罪恶感往往会妨碍她们与男人的关系。关于这一点，再怎么提醒自己都不为过：在初级过程的领域，愿望等同于行为。

如果父亲利用女儿来满足自己的性欲，这不仅会背叛自己的妻子，还会给女儿带来灾难性的后果。原因有很多，其中的一个原因并不明显，但会给女儿造成极大的伤害：女儿并不能确定她与父亲的性关系是否是俄狄浦斯愿望实现的结果。随之而来的困惑和罪恶感可能会变得更为强烈。

　　我的病人玛丽安娜在小时候曾多次遭到父亲的性骚扰。有一天，她陪丈夫到他老板（她丈夫的老板是一位比玛丽安娜大20岁的女人）的家里参加聚会。丈夫向女主人介绍了玛丽安娜后，玛丽安娜出现了严重的惊恐发作，不得不要求丈夫马上带她离开。玛丽安娜告诉治疗师，虽然她知道自己的反应很反常，但她确信女主人讨厌她，想要伤害她。

当然，男孩也能成为俄狄浦斯情结的胜利者。

　　杰弗里有很多心理问题，只能寻求治疗师的帮助。其中一个问题是，他非常抗拒和妻子做爱，因此饱受折磨。杰弗里和他的妻子都在30岁左右结婚，结婚前，他们的性关系一直很好。杰弗里在接受治疗时已经结婚1年多了。在这1年多的时间里，他和妻子的性关系每况愈下。在一次早期的治疗中，杰弗里透露了一段让他感到困惑的经历：在婚礼上，他纠结了很长一段时间，就是不愿亲吻自己的妻子。最终，他找了一个借口糊弄了过去。几个月后，他突然意识到，如果他在婚礼上吻了妻子，那将会是他第一次在母亲面前亲吻自己的女人。
　　杰弗里10岁的时候，他的父母就离婚了。他的母亲从未再婚，甚至都没有约会过。"现在，你就是我的小男人了。"

她对儿子说。她真的把他当成了自己的小男人。几年后，杰弗里开始有规律地手淫。他会在床上手淫，然后把精液射到床单上，没有任何隐瞒的想法。每天早上，他的母亲都会把床单从床上取下来，洗干净，然后把它放回原处。对此，她从未说过一句话。杰弗里确信，他的母亲已经知道了他会射精。"我们其实是在做爱，不是吗？"杰弗里对他的治疗师说。

我们得为杰弗里的母亲想一想。她是一个年轻、孤独的单身母亲。她向心爱的儿子寻求慰藉以满足自己的需求，这完全可以理解。然而，这样的行为严重阻碍了杰弗里从俄狄浦斯情结中解脱出来。

不管杰弗里的母亲如何敏感地处理离婚这件事，离婚本身就是将父亲从孩子的眼前抹去，从而给杰弗里带来真正的危险。我们在上文中看到，不要让孩子相信自己在俄狄浦斯情结的斗争中获胜有多么重要；让父母始终坚定自己的立场，不给孩子任何获胜的余地有多么重要。杰弗里想让他的父亲消失，而当他的父亲真的离开时，杰弗里就会在潜意识里相信：他的愿望已经实现了，父亲的离开是他的错，因为事实上就是他谋杀了他的父亲。在初级过程的领域中，愿望（如谋杀的愿望）等同于行为，而放逐等同于谋杀。即使杰弗里深爱着自己的父亲，并意识到离婚毁掉了自己，他还是会认为是他导致了父亲的出走。然而，他其实并不喜欢他的父亲，他害怕父亲。当父亲离开时，他感到如释重负。

当然，这并不意味着，只要父母在孩子处于俄狄浦斯情结时离婚，孩子就会成为俄狄浦斯情结的胜利者，就会面临随之而来的种种危险。敏感的父母应该让孩子明白，他们离婚并不意味着孩子俄狄浦斯情结的胜利。然而，对于处于俄狄浦斯情结的孩子来说，他们很难不相信是他/她导致了父母的离婚。

俄狄浦斯情结的后果

俄狄浦斯情结的影响并不仅仅是给青少年带来几年的烦恼，而是它的后果往往是持续性的，且有一些后果会给青少年带来极大的困扰。极少数人能够从俄狄浦斯情结当中毫发无伤地解脱出来（必须要在心理健康和感觉敏感的父母的帮助下才能实现），进而找到合适的伴侣，并在他/她的身上感受到爱与性欲，这种人在建立两性关系时并不会产生过度的罪恶感或恐惧感。同时，他们也能够以父母抚养他们时的开明和敏感来抚养自己的孩子，其余的人只能尽己所能来应对俄狄浦斯情结带来的不同程度的困扰，强度从轻微到严重不等。我们在上文中看到，俄狄浦斯情结会阻碍我们对同一个人产生爱和性欲（当然，它还可能会产生其他后果）。我们如果一直固着于自己的父母，我们就很难全身心地投入与伴侣的关系中。也许，我们就像唐璜——他从一个女人到另一个女人，无意识地、徒劳地寻找着自己的母亲，而我们的心也一直在别处游荡。

俄狄浦斯情结能通过很多种方式来影响一个人的生活。我有一位病人，他本人也是一名治疗师，医术很高。有一次，他问我："我害怕接近这个女人，是因为她是我的母亲，还是因为她不是？"他的意思是，如果这个女人总是让他想起自己的母亲，乱伦禁忌就会发生作用。但如果她不能让他想起自己的母亲，他对母亲的固着就会让他像唐璜那样，继续前行，继续寻找。

　　我曾为一对夫妻提供咨询。恋爱之初，他们对自己的性生活还算满意。但随着关系的发展，男方的性能力变得越来越差。他解释说（并坚信），他只是太忙了。最终，事情的真相是：当他把爱人仅仅视为一个"约会对象"时，他就能对她产生性欲，但当他开始意识到她会成为妻子和母亲时，乱伦禁忌就开始发挥作用了。此外，他一直固着于母亲。用我之前的那位病人的话来说，他不能和她做爱，因为她是他的母亲，又因为她不是他的母亲。

　　尽管男孩和女孩在解除俄狄浦斯情结方面有许多相似之处，但值得注意的是，在解除的过程中，有些问题是男孩和女孩独有的。

　　母亲和婴儿之间的依恋通常会比父亲和婴儿之间的依恋强烈得多。南希·乔多罗发现，对父母依恋的强度差异会随着孩子的成长而持续存在。也就是说，孩子对母亲的爱可能仍会比对父亲的爱更为强烈。[12]有两个因素使得男孩的俄狄浦斯情结会比女孩的更强烈。首先，男孩的俄狄浦斯情结的对象是他的初恋，具有极强的暗示作用。其次，由于母亲的爱可能比父亲的爱更为强烈，所以相较于姐妹，男孩的俄狄浦斯情结和他对母亲的依恋往往会获得更多的回馈。母亲的爱越强烈，男孩就会越恐惧、越抗拒。男孩尤其害怕母亲的爱，因为拥有阴茎会带来危险：敢于成为父亲的对手会遭到惩罚，而这样的惩罚很可能会是阉割。

　　女孩解除俄狄浦斯情结的过程往往会更为缓慢、不够彻底。相较于男孩和母亲的关系，女孩在和自己对父亲的爱欲做斗争时并不需要花太多的力气。

弗洛伊德的一个最令人信服的见解是一个人的认同与俄狄浦斯情结的解除有关。我们在上文中看到，为了逃避母亲的可怕力量，女儿从一开始就认同她的母亲，儿子也很早就认同他的父亲。一旦俄狄浦斯情结将父母变成危险的对手，孩子就会发现加强认同会提供保护。精神分析将这种现象描述为"对攻击者的认同"。在俄狄浦斯情结解除的过程中，这种认同有几种形式。

我们先来看看男孩的情况。这种认同最重要的一种形式是男孩将父亲的禁令内化，从而抑制了对母亲的性欲。现在，"你不能……"的说教已经不再来自父亲，而是来自男孩的良心，即他的超我。弗洛伊德指出，这是一种非常有趣和具有高度适应性的保护形式。危险来自外部，父亲可能会惩罚甚至阉割男孩。在次级过程的世界里，男孩没有办法与父亲抗衡，因为父亲比男孩强大得多。可如果男孩在自己的精神世界里，即男孩在有力量的地方保护自己，会怎么样呢？所以男孩制定了一个有效的禁令来阻止这种危险的愿望，因为这个愿望一旦实现，他就会受到惩罚。

目前为止，一切顺利。男孩认同父亲，所以在男性气质中获得了十足的安全感。男孩只要把乱伦的愿望藏好，就不会面临被阉割的危险。但还有一个问题：男孩的认同之旅是从对母亲的爱和认同开始的。在某种程度上，这一定会产生固着，所以倒退到女性认同的危险会始终存在。早期的爱是与认同紧密相连的，所以男孩的俄狄浦斯情结很有可能会激起那些共鸣。认同女性会威胁到男孩的男性气质，引起很多男性共有的恐惧，即害怕暴露自己柔软和脆弱的一面，这个分析也能帮助我们理解人们对同性恋的普遍恐惧，甚至是仇恨。在对女性的认同中，受到威胁的不仅仅是男孩的男性气质。在男孩的初恋中，男孩与母亲融为一体，完全依赖于她。因此，只要有青少年或成人会让男孩回想起对母亲的爱和认同，他们就会威胁到男孩的独立和自主。

让我们来看一下，女孩在解除俄狄浦斯情结时会面临什么样的问题。女孩在解除俄狄浦斯情结时并不像男孩那样迫切。部分原因在于，她们并没有受到阉割的威胁，而且在青少年看来，母亲似乎不像父亲那样危险。因此，对于女孩来说，爱自己的父亲并寻找一个像他一样的伴侣，威胁可能会小很多。

然而，女孩和哥哥/弟弟一样，她的认同之旅也是从对母亲的爱和认同开始的。随着俄狄浦斯情结的解除，女孩对母亲的认同也在不断加强。初恋往往难以抗拒，这就是为什么俄狄浦斯情结在男孩身上会如此强烈。但在一个女孩身上，初恋的力量与她的异性恋适应是相互对抗的。女孩的初恋是一个女人。随着她对母亲的认同在俄狄浦斯解除的过程中不断加强，她对母亲的爱也随之增强，这让她陷入两种冲突的困惑之中：一种是女孩很有可能会对母亲——与她争夺父亲的对手——产生愤怒和恐惧，而这个对手却是她的初恋。另一种是与她解除俄狄浦斯情结的异性恋调整有关。从心理动力学的观点来看，所有的爱都有性的成分，而强烈的爱包含强烈的性。女孩从俄狄浦斯情结中摆脱出来后，仍会对母亲和父亲残留一点性依恋。这也有助于我们理解为什么异性恋女性能在与其他女性的亲昵关系（甚至是性关系）中茁壮成长。

然而，处在青春期的女孩可能会比她的哥哥/弟弟在和解冲突中进行更多的斗争。一方面，她受到了与母亲的亲密关系和认同的滋养；另一方面，母亲在她人格形成的关键期也完全支配了她。女孩极其渴求和需要自主，但她不愿意失去认同母亲所带来的情感滋养（这并不难理解）。无论是轻微还是严重，这种和解冲突往往会伴随一个女人的一生，影响她与母亲和其他女人的关系。

杰西卡·本杰明指出，在解除俄狄浦斯情结的过程中，处于青春期的女孩还会面临一个重要问题。在她成长的世界中，男性气质（尤其是对阴茎的拥有）与性欲紧密相关，人们常常将其与在性接触中成为自信的演员联系在一起[13]，而女性气质（包括阴茎的缺失）与被动、顺从联系在一起。人们往往教导女孩，女性不应该有性欲；相反，要努力成为他人性欲的对象。

另一方面，女孩在成长过程中有一个重要阶段，即与父亲认同的阶段。俄狄浦斯情结解除后，她对母亲的认同绝不可能完全消除对父亲认同的这一早期阶段。因此，就像她所认同的父亲那样，女孩一定会在无意识中渴望能动性（不仅仅是性方面的能动性，但绝对包括在内）。结果，她必须再一次面对阴茎的缺失以及阴茎的缺失在我们文化中的含义。

因此，只要认同父母双方，女孩就会面临这些问题：我能同时拥有能动性和性欲吗？作为被动的一方，我能在性活动中成为主动的一方吗？作为他人欲望的对象，我能对别人产生欲望吗？本杰明说："成年女性在努力协调独立自主和异性爱时，增强能动性的认同爱和鼓励被动性的客体爱之间的冲突会反复重演。"[14]

弗洛伊德发现，在解除俄狄浦斯情结的道路上充满了艰难险阻。尽管他坚信一定有人能成功地度过并走出俄狄浦斯情结，但他仍不能确定，到底是什么决定了解除俄狄浦斯情结的成败。弗洛伊德的追随者在研究父母和孩子之间的关系时发现，父母的关爱和敏感的引导可以极大地提高解除俄狄浦斯情结的概率。这样的引导必须包括一个重要条件，即父母愿意控制自己内心的欲望，从而避免对孩子展现过多的性诱惑或主动行为。

女权主义精神分析学家还补充说，随着性别平等的进步，男孩可能越来越不需要通过否认自己的女性气质来维护男性的身份，他们也会越来越愿意承认和接受自己身上的女性气质；同时，女孩也越来越不需要贬低自己的女性气质。俄狄浦斯情结成功解除的一个最重要的标志是：两性之间能够建立一种互相关爱、互相尊重的关系。在这样的关系中，我们能认识到我们的相似之处，也认识到我们的差异。我们可以期盼，我们正处在一个美好时代的开端。在这个时代，我们的文化不仅会支持两性互相扶持，而且会支持使其成为可能。

我们在本章的开头看到，弗洛伊德并不觉得哈姆雷特的摇摆不定、犹豫不决是多么难解释的事。弗洛伊德认为，只要理解莎士比亚的创作灵感来源于他深层次的无意识，问题就会迎刃而解：

> 从戏剧的情节可以看出，……哈姆雷特并不是一个无法行动的人。……那么，到底是什么阻碍了他完成父亲的鬼魂派给他的任务呢？问题的答案……在于这个任务的特殊性。哈姆雷特可以做任何事——除了报复那个杀掉他父亲并和母亲一起取代他父亲的人。那个人让哈姆雷特看到，自己童年被压抑的愿望变成了现实。因此，在哈姆雷特的心中，复仇的怒火被自责和顾忌所取代。良知不断提醒着哈姆雷特，比起他要惩

罚的罪人，他自己其实也好不到哪里去。这样的想法在哈姆雷特的头脑中必然是无意识的，但在这里，我用有意识的术语将其表达了出来。……当然，我们在《哈姆雷特》中面对的一定是诗人的内心。……《哈姆雷特》是莎士比亚在父亲死后不久写成的。……也就是说，莎士比亚是在丧亲之痛的直接影响下创作了《哈姆雷特》。因此，我们可以做出这样的假设：莎士比亚在创作时回忆起了他童年时对父亲的感情。我们也知道，莎士比亚的亲生儿子在很小的时候就夭折了。他的名字叫哈姆奈特。[15]

哈姆雷特对母亲的态度非常矛盾，时而疾言怒色，时而温柔体贴。这并不难理解。我们很容易看到其背后的原因：哈姆雷特的母亲背叛了他的父亲，激起了哈姆雷特内心最深处的禁忌愿望。剧中还有一个女人，即年轻的奥菲莉亚。奥菲莉亚和哈姆雷特互相许下了爱的誓言。虽然哈姆雷特一直很爱她，但他们在一起时，哈姆雷特则对她充满了冷漠和攻击性。哈姆雷特对奥菲莉亚的态度是《哈姆雷特》中最有趣的谜题。对于这一谜题，有很多可能的解释，其中一个解释是：哈姆雷特在无意识地重复他对母亲的矛盾情绪。我们也可以认为，哈姆雷特这样对待奥菲莉亚是为了把她从自己的身边赶走，就像他的母亲去找另一个男人一样。这就是弗洛伊德所谓的"重复强迫"的一个例子。为了更好地理解早期经历（包括俄狄浦斯情结）如何影响我们的生活，探索"重复强迫"这个过程将大有裨益。这便是第五章的主题。

第五章　强迫性重复

　　老鼠和人的区别在于，老鼠意外地钻进了迷宫的死胡同后，绝对不会重蹈覆辙。

——1959年 B.F. 斯金纳在哈佛大学的讲座

　　我的病人爱德华总是喜欢跟一对情侣交朋友，然后和其中的女方走得很近。每次接触时，爱德华和女方之间总会出现情欲的能量，所以他不得不和他们断绝关系。每次发生这种情况，他都感觉糟透了。他认为这仅仅是巧合。读到这里，你们可能会怀疑爱德华固着于俄狄浦斯情结。你们也可能会想，无论固着存在与否，到底是什么样的无意识力量驱使着爱德华，让他不断地把自己（和他那些不明真相的朋友）置于熟悉、痛苦的境地之中呢？

　　以各种形式不断重演痛苦的情景和关系，这样的事不仅仅发生在爱德华身上，似乎是普遍存在的。在我们将要探讨的现象中，不难找到这样的例子。

　　　　玛莎是我学生的病人。她的父亲具有超凡的人格魅力，而且有权有势，可以说是一个成功人士。不难想象，虽然玛莎对他充满了爱慕和崇拜，但他实在是太忙了，根本没空关注他的女儿。漂亮的玛莎好像有一个精密的雷达，能够准确地寻找并吸引那些符合她爸爸的形象的男人。一旦找到一个真正爱她，准备为她倾注一切的男人，她很快就会对这个男人失去兴趣。

　　　　另一位病人叫凯文。他之所以来寻求治疗，是因为他发现自己连续爱上的几个女人都谈过好多男朋友。建立恋爱关系后，他对这些女人的前任充满了愤怒和嫉妒，并深受困扰。他的治疗师发现，凯文总是会让他的恋人讲述她的恋爱往事。原来在凯文很小的时候，他的父母就离婚了。离婚后，他的母亲开始接二连三地把男人带回家。在接受治疗前，凯文并没有意识到他动荡的童年和"他总是会追求那些能够激起他嫉妒心的女人"的悖论之间有什么联系。

这些例子中的现象就是弗洛伊德所谓的"强迫性重复"。如果看到这样的现象发生在朋友身上，我们会为他们感到担忧。若是发生在自己身上，我们会感到绝望。我们一定都经历过这样的事：看到自己的朋友终于从一段破坏性的关系中走了出来，刚为他/她松了口气，结果又目瞪口呆地看着他/她开始了另一段同样具有破坏性的关系。不断重演相同的痛苦情境是导致人类痛苦的主要原因，也是治疗师在开始治疗病人前需要首先搞清楚的事。弗洛伊德是这样说的：

> 对于某些人来说，所有的人际关系的结局都是相同的。比如说，我们一定都遇到过这样的人，某个乐善好施的人总是会在完成捐助后被受惠者抛弃（不管这些受惠者前后有多大不同），似乎注定要永尝忘恩负义的苦头；某个人的友谊总是以朋友的背叛告终；某个人一次又一次地把别人提拔到更高的位置上，给予他极大的私人或公共权威，结果过了一段时间，他又颠覆了这个权威，用一个新的权威取代了他；某个人的恋爱总是会经历相同的阶段，落得相同的下场。[1]

每个学期，我都会给我的临床研究生提供学期论文的选题，其中一个选题就是关于强迫性重复对自己当前生活的影响。选这个题目的学生很多，我已经见怪不怪了。很多学生在文中表达了自己的沮丧和不安，因为他们意识到自己选择伴侣实际上是为了重演自己和父母的关系，尤其是关系中痛苦的方面。典型的情况可能是他们受到过多的管束，喘不过气来；父母过于冷漠，对他们置之不理；或是他们无法从父母那里获得足够的爱。这就像是一出关于他们童年的戏剧在不断上演，而他们无意识地把自己当成了导演，为这部戏剧反复地挑选合适的角色，寻找完美的演员。一些水平较高或有较多心理治疗经验的学生甚至发现，他们在无意识中教会了自己的伴侣如何扮演角色，进而丰富了对选角技巧的描述。

　　斯蒂芬的母亲是一位事业有成的教授。显然，她喜欢和孩子进行知识上的互动，而非情感上的交流。小时候，斯蒂芬就发现他的母亲很迷人，他却常常感到孤独。因此，他很乐意回应母亲的智力刺激以换取她的拥抱和爱抚。他现在的伴侣是他的同学，是一个非常优秀的女孩。斯蒂芬声称，他起初觉得自己的女朋友完全缺乏他所渴望的温暖，但他逐渐意识到，每当她主动表达爱意，他都会以一种非常微妙的方式回避。因此，她给的温暖也就越来越少。他抱怨说，他运气不好，选择了一个像他母亲一样的女人。

学生的论文主题常常是他们和权威人物（有时还包括我）的关系。我发现，我的学生詹妮弗特别喜欢和别人争论，而且有时会很不友好。到了期末，她写了一篇思路清晰、见解深刻的论文，文中谈到了她那暴躁、冷漠的父亲，并且坦言，她曾多次试图激怒我，好让我扮演她父亲的角色，让我像她爸爸陪驾时那样对她发脾气。

就像人类的大部分行为一样，这似乎也是一个悖论：为什么要费这么多的力气把自己置于一个必定会带来痛苦和挫折的境地呢？无论这样的现象发生在我们自己、我们的朋友还是我们的病人身上，当我们仔细审视这一现象时，我们都会清楚地看到，人们反复创造出来的其实是他们生命早期的痛苦情境。

乍一看，这就像是人们在一遍又一遍地为当初的情境创造一个快乐的结局。然而，正如我们所看到的，事实并非如此。如果重演情境的结局是快乐的，那么游戏体验似乎被破坏后，玩家就需要回到绘图板上重新创造不愉快的场景。这就像是最初情境的痛苦导致了固着，人们不断重演过去的情境，在潜意识里想要理解当时到底发生了什么、为什么会发生。拥有快乐结局的情境不再是最初的情境，反而充满了冲突、挫折和愧疚，因此将失去吸引力。

弗洛伊德对强迫性重复非常感兴趣。他发现，孩子们总是一遍又一遍地玩同一个游戏，这让他感到困惑不已。在他观察的游戏中，有一个游戏是这样的：孩子先把玩具扔出去，说："没了！"然后再取回玩具。他坚信，这个游戏代表母亲的离开。一开始，他认为游戏的关键是取回玩具的动作，以消除母亲的离开所带来的影响。可后来他发现孩子乐此不疲，会玩好久，也不再取回玩具，而是接二连三地把玩具扔到桌子下面看不到的地方。母亲的离开总是伴随着痛苦，那孩子为什么还要一遍又一遍地玩这个游戏呢？

之后，弗洛伊德注意到，病人和精神分析师之间的关系中也存在强迫性重复。他发现，病人常常会引导精神分析师以重演他们与父母的关系。被重复的关系常常是不愉快的（如暴躁或冷漠的父母）。对此，弗洛伊德感到非常惊讶，认为这些人似乎一直在不必要地追求他所谓的"不快乐"。那么，他是怎么解释这一现象的呢？

弗洛伊德注意到，强迫性重复不仅仅发生在精神分析的情境中和他认为患有神经症的人身上，也会发生在各种各样的情境中和各种各样的人身上。正如我们在第二章看到的，弗洛伊德认为快乐原则非常重要。他认为，如有可能，我们在生活中只会寻求快乐和满足。然而，现实的世界和我们的良知让这样的奢望成为不可能，所以快乐原则不断地被现实原则修正，常常得不到满足。在这一原则的支配下，我们学会了如何避免那些会给我们带来麻烦的快乐，或是延迟满足以获得更大的满足。强迫性重复似乎并不遵循这两个原则。弗洛伊德发现，有一种比快乐原则更为强大的力量。

1920年，弗洛伊德在他出版的《超越快乐原则》[2]中，对"强迫性重复"这个概念做了尝试性的解释。首先，他报告了自己的发现：正在发生的事件或关系代表了被压抑的记忆。弗洛伊德发现，如果病人试图激起自己的敌意，说明他压抑了一个痛苦的记忆——他的父亲总是对他充满敌意。病人的心理有一个冲突。无意识的一个基本法则是被压抑的冲动要寻求表达。这种表达会带来一些因压抑而未被满足的快乐。自我的一个基本法则是不允许表达被压抑的冲动。事实上，这就是压抑的含义。因此，人的心理会寻求妥协，即把被压抑的记忆转换为行为并不断重复。重复行为给被压抑的无意识带来了快乐，因为它部分满足了无意识想要摆脱压抑的欲望。可与此同时，它也给负责压抑无意识冲动的自我带来了不快乐，因为它太接近原始记忆，让人惶恐不安。

这样的解释是一个很好的尝试，但弗洛伊德认为这样的解释并不成立。在重复性强迫的影响下，人们不断通过梦或现实行为来重演本不愉快的事件或关系。快乐原则被彻底打破了。此外，人们往往对最初的痛苦情境记忆犹新，说明这种痛苦情境的记忆没有被压抑。也许，强迫性重复动机的一个重要部分在于，我们需要理解生活中的痛苦，理解到底哪里出了问题。

帮助病人摆脱强迫性重复是治疗师面临的一个最大挑战。通常来说，随着病人对强迫心理的行为表现（尤其是强迫心理在病人与治疗师的关系中的行为表现）越来越了解，他们可以逐渐地从强迫行为中解脱出来。

> 我有一个病人叫卡罗琳。她在经过了一段时间的治疗后，有一次对我说，她以前好像隐约看到我的夹克口袋里有一瓶药，断定是抗抑郁药。卡罗琳接着说，她有时会觉得我身上有一种忧郁的气质。她说，如果我真的有抑郁症，要治好她就会很困难，因为她的悲伤袭来时，肯定会让我的情绪变得更糟。
>
> 我觉得我必须认真对待每一个病人对我的看法。同时，我也承认我确实有一点忧郁的气质，稍微敏感一点的人都可以察觉得到。可我的口袋里的确没有抗抑郁药，而且在那段时间，我过得还是蛮开心的。我们就她的担忧谈了一会儿，我承认，她很可能看到了我脸上的一些微妙表情，而我并不自知。我也

补充说，她觉得她在我的口袋里看到了药瓶也并不是没有道理，尽管可能还有其他解释。她认同了我的说法。她说，想到我可能会有点抑郁，这件事情会让她感到心安，因为那样我就能更好地理解她了。我认为这是一个突破性的时刻。

卡罗琳的情史比较特殊：她总是选择品行不端的男人作为伴侣。这些男人通常都有毒瘾，尽管她自己很少吸毒。她每次都会被这样的男人吸引，而且每次都能为此构建不同的理由。她坚信自己的选择是正确的，尽管他们有毒瘾，给她带来了无数的麻烦。在前两年的治疗中，事实的真相逐渐显现：卡罗琳不仅因为他们的毒瘾而选择了他们，而且还巧妙地教会了他们如何变得更糟。她经常挑起争端，甚至鼓励他们吸毒。

就在我们谈论假想药瓶的几个月前，卡罗琳的男友终于加入了"匿名戒毒会"，从此不再吸毒。而卡罗琳也露出了她的真面目。不到几个星期，卡罗琳就对他失去了兴趣，对他冷淡了，因为他变得无聊了，满嘴都是12步戒毒法和戒毒会。

有很长一段时间，我们都认为卡罗琳的无意识动力来自她的家庭制度。卡罗琳有一个患抑郁症的哥哥，家里要她帮助哥哥解决心理问题。在交谈中，卡罗琳逐渐意识到，她的内心早就得出了这样一个结论：她的存在也许就是哥哥抑郁的根源，所以必须由她来照顾哥哥。最近的这段感情破裂后，卡罗琳终于确信，她的确是在反复重演自己与哥哥的关系。然而，理解了背后的原因并没有对卡罗琳有多大帮助，她还是会被同样的男人吸引。

之后便发生了上文提到的小插曲（有关假想的药瓶和我忧郁的表情）。随后，我让卡罗琳深入内心地谈谈自己的感受。卡罗琳坦言，她有时担心她会让我难过，而且当她觉得我看起来很难过的时候，她就会说一些愉快的话题来逗我开心。同时，她也反复强调，尽管她有这样的担心，她还是觉得自己最好能找个悲伤的治疗师。她觉得自己很难接受治疗师嬉皮笑脸、没心没肺的样子。

我对卡罗琳说，我真的能理解她所说的一切。我让她继续说下去，想让她再解释一下，为什么她会觉得我有点忧郁，甚至觉得我患有抑郁症。卡罗琳说，她常常觉得自己缓慢的治疗进展会让我难过，尤其是她一直做不到与那些失败的男人断交。就这样，我们谈了几个星期。我不需要指出，她和我的关系就像她和男友的关系一样，其实是另一种重演。结果有一天，她突然对我说："其实你和我的关系也是我和哥哥的关系的另一个重演，对吧？"我们分别大概一年后，卡罗琳的约会对象已经是不一样的男人了。

你可能很想知道，为了理解这一有趣的现象，弗洛伊德接下来做了哪些工作。在《超越快乐原则》一书中，弗洛伊德声称，他已经逐渐相信快乐原则不再是最强大的力量。弗洛伊德认为他发现了一种倒退的本能。现在，弗洛伊德认为有两种主要的力量在我们内心运作，而且这两种力量在不断地进行殊死搏斗。第一种力量包含性本能，即生命的能量，倾向于将事物结合在一起，

推动生命不断前进。第二种主要力量包含毁灭的本能。它是一种
倒退的本能，倾向于恢复宇宙各组成部分的原始状态。弗洛伊
德认为，毁灭的本能包含了一种不断与性本能抗争的"死的本
能"。人的攻击性和破坏性都是从第二种本能中产生的。弗洛伊
德认为，强迫性重复是倒退本能的一种表现，是死的本能的一部
分。它总是与性本能进行抗争，从而让我们回到早期的状态。弗
洛伊德认为，强迫性重复比快乐原则更为强大。他在《文明及其
不满》（该书出版于《超越快乐原则》10年后）一书中总结了以下
观点：

> 我的心中一直有一个信念：本能不可能只有一种。然而，
> 我一直找不到理由来支撑我的观点。之后，我开始撰写《超越
> 快乐原则》一书，第一次注意到了强迫性重复和本能生活的保
> 守性。从对生命起源的推测和生物学上的相似性出发，我得出
> 了一个结论：除了保存生命物质并将其结合成更大的单位的本
> 能，还必须存在另一种相反的本能，即消解这些单位，使它们
> 回到原始的无机状态。也就是说，除了性本能，还存在死的本
> 能。所有的生命现象都可以从这两种本能的共存和相互对立中
> 得到解释。然而，假定存在死的本能后，要阐明死的本能如何
> 运作并不是一件容易的事。[3]

这种二元的宇宙观让弗洛伊德无比着迷，他把这种观点坚持
到了生命尽头，尽管他也欣然承认，他的观点仅仅是缺乏根据的主
观推测。现在，强迫性重复已经是一个被普遍接受且极具实用价值

的临床事实，但其背后的动机仍是一个谜，并没有得到根本解决。此外，尽管大多数心理动力学家接受本能攻击性的存在，但只有最正统的弗洛伊德学派认为"死的本能"的理论在临床上或理论上有用。然而，我们很难否认，在弗洛伊德的"两个巨人在争夺我们的灵魂"的观点中，有一种壮丽、诗意的力量。

第六章　焦虑

　　显然，我们想要找到某个东西来告诉我们焦虑到底是什么。

　　　　　　　　——西格蒙德·弗洛伊德《抑制、症状与焦虑》

　　所有人在试图理解、缓解生活中的问题时都必须处理焦虑的问题。我们可以暂时把"焦虑"定义为一系列熟悉且令人不快的生理事件，如心率和呼吸加快。这些生理事件不一定伴有认知解释，也就是说，我不一定知道我为什么会焦虑。按照心理动力学的说法，焦虑已经成为"恐惧"的同义词。弗洛伊德曾写道，当一个人不知道自己在焦虑什么时，"精确的语言"会要求使用"焦虑"这个词；当一个人知道自己在焦虑什么时，则需使用"恐惧"这个词。弗洛伊德和后来的大多数学者发现，这样的定义方法非常方便。事实也证明，这样的定义方法不仅方便，而且准确。

　　我在第二章中提到，过少的压抑会让你的心理处于不受限制的混乱之中，从而给你带来无尽的麻烦。我们还看到，过多的压抑也会给你带来困扰。可以说，焦虑也是如此。我们在研读弗洛伊德的焦虑理论时就会逐渐明白（如果大家还不明白的话）：没有焦虑，我们就无法生存。如果没有适量的焦虑感，我们就会盲目地步入极其危险的境地。然而，我们大多数人的焦虑远远超过了对我们有益的程度。不仅如此，焦虑还存在于我们所有心理问题的因果链中。

　　弗洛伊德反复思考着焦虑的问题。他早期的论文都涉及焦虑问题，甚至在生命的最后阶段，他仍然在研究这一问题。一开始，弗洛伊德认为焦虑是由压抑引起的，但我们会看到，他很快发现自己在逻辑上陷入了困境。弗洛伊德对焦虑问题的思考历程是他理论发展中最有趣的一段历史。

焦虑的第一个理论

在职业生涯的初期，弗洛伊德就像一个优秀的19世纪的科学家，试图从物理模型的角度来考虑焦虑的问题。其中之一是压力下能量的水力模型，早在1897年，弗洛伊德在他最早的心理学著作中就提到过这个模型，并从物理学原理的角度进行思考。有一个原理叫"恒定性原则"。根据该原则，能量系统倾向于寻求一种恒定的状态。被唤起的性欲受到阻碍后，会在压力下产生大量的能量。由于能量系统倾向于保持恒定的状态，所以有机体就会寻求一种方式来减少能量的激增。如果这种能量不能通过性行为得以释放，它就会寻找另一种释放的途径。弗洛伊德认为，最可能的释放途径是通过焦虑所带来的生理事件。[1]弗洛伊德的这一理论源于对男性病人的体外射精（即没有高潮的性行为）现象的观察。

在弗洛伊德的时代，在方便、有效的避孕手段广泛使用之前，体外射精是非常普遍的。弗洛伊德认为，如果一个病人报告有严重的焦虑，那么这背后一定有被压抑的性冲动。被阻碍的能量可能不会表现得像体外射精那样明显，但弗洛伊德确信，它一定会表现为某种性障碍。这一理论非常简单，跟他试图构建的有序生物系统十分契合。唯一的问题是，这个理论有一个明显的逻辑矛盾。

焦虑的第二个理论

多年来，弗洛伊德一直认为他的第一个焦虑理论是正确的。可到了1926年，弗洛伊德出版了《抑制、症状与焦虑》[2]一书，指出第一个理论存在逻辑矛盾。弗洛伊德承认，他之前的理论不够完善，并提出了一个全新的焦虑理论。对于弗洛伊德来说，如此对先前的理论进行更正并不罕见。在精神分析学的发展历程中，弗洛伊德曾多次表示，如果数据不再符合理论，或者他发现有更好的方法来将一个现象概念化，他会随时准备改变想法。如今，我们已进入新世纪，弗洛伊德的第二个焦虑理论也仅有75年的历史。但即便如此，许多（也许是大多数）研究焦虑问题的心理动力学家依旧认为，弗洛伊德的这一理论仍是我们现有的最好的焦虑理论。

弗洛伊德的第一个理论的逻辑矛盾在于如果压抑导致焦虑，那么是什么导致了压抑？我压抑了部分或全部的性冲动，可我为什么要这样做？弗洛伊德很清楚，唯一可能的原因在于焦虑本身。如果我不是害怕什么，我就不会压抑自己，自讨苦吃。不难想象，我可能会害怕很多东西。我可能会害怕受到身体上的伤害或以某种方式受到惩罚。我可能会害怕受到罪恶感的折磨。我可能会害怕因冲动得不到满足而感到痛苦、沮丧。如果这些恐惧十分强烈，一种可能的处理方法就是压抑危险的冲动，以消除恐惧。

弗洛伊德声称，压抑导致焦虑的说法已经是不成立的了，因为真实的情况显然是相反的：恰恰是焦虑导致了压抑。如果我们不能说焦虑仅仅是封闭系统中的能量泄漏，那我们又该如何理解焦虑呢？

弗洛伊德抛弃了简单的物理模型。经过苦思冥想，他最终得出了以下结论：焦虑是面临危险时的无助的反应。弗洛伊德对焦虑的心理学解释的圆满程度至今仍无人企及。如果危险已经发生，焦虑就是自发、即时的。如果危险还在逼近，焦虑就是对面临危险时的无助的预期。大部分的焦虑都在预期的范畴内。

如果我看到一头狮子要攻击我，我很清楚，当狮子的利爪刺入我的身体，我的身体会有什么样的反应：心率会加快，呼吸会变得短促，身体会感到像是突然被注入了大剂量的肾上腺素。因此，当我看到狮子向我逼近时，我的身体会产生上述生理现象的减弱型反应。我的身体在对我说："你感觉到了吗？如果狮子真的逮到你，这些感觉就不算什么了。"对这些生理变化的知觉就是我们所经历的焦虑。弗洛伊德认为，这些生理变化的作用是对即将到来的危险发出警告。警告的目的在于，它向我们发出信号，让我们对即将到来的危险采取行动。

我们在开始探讨弗洛伊德的新理论时就注意到了：性焦虑可能会导致性冲动的压抑。那么，性焦虑和压抑之间的这种联系如何说明弗洛伊德的新理论呢？想象一下，如果所有人都教导我（无论教导的方式有多么微妙）性是可耻的。再想象一下，我现在正面临一个能与他人性交的机会。我很清楚，如果我屈从于性冲动，我就会产生痛苦的罪恶感。用弗洛伊德的话说，我将受到超我，即我的良心的惩罚。现在，狮子的位置被超我取代，超我的威胁相当于狮子的攻击。当我预料到超我的攻击时，我的肾上腺素会不断分泌，我的心脏会剧烈跳动。超我不断警告着我：必须要找到一个方法来阻止危险，否则之后的感觉将会更糟糕。压抑性冲动并不是唯一可能的解决方案，但它的确是一种可行的办法。如果我只是离开现场，我就必须处理因此产生的沮丧和可能的懊悔。然而，如果我成功地压抑了冲动，我就不会产生超我的攻击所导致的沮丧和罪恶感。焦虑对我发出了警告，我可能会面临超我的攻击。压抑将使我躲避危险，从而减轻焦虑。因此，焦虑导致压抑。

压抑可能并不彻底。我可能会发现，焦虑所触发的压抑仅仅是部分有效，却影响了我在性行为时的表现和快感，这是一种常见的妥协。这就像是我在无意识地对自己说："我知道我不应该做这件事，可如果我做得不好或是没有从中获得快感，我可能就不会有特别强烈的罪恶感。"在做爱的情境中，"做得不好"显然是一种可能性：焦虑对神经系统的影响通常会影响性行为的表现和快感。

我们还可以想到其他与性行为相关的危险：我们可能会在做得正欢时被逮个正着；我们可能会担心自己对避孕或性病的防护不够到位。这些危险中的任何一个都有可能会变成狮子，从而唤起警告的信号，即对面临危险时的无助的预期。

有一次，我被安排去做一个演讲，可我觉得我并没有准备好，这时，我发现我的身体产生了各种焦虑的迹象。其中的焦虑在于，我可能会当众出洋相，被我的学生嘲笑。我预料到了我在面对这种情景时的无助，因此我的身体对我发出了警告，好让我赶紧推掉演讲。我曾经坐过小型飞机。如果天气有问题，我往往会在飞行的当天早上感觉胃不舒服，尽管我常常意识不到自己的恐惧。

别忘了，弗洛伊德的理论不仅描述了对危险的预期，还描述了对面临危险时的无助的预期。如果我对自己处理危险的能力很有信心，我就不需要警告，也不会感到焦虑。

我在上文提到，对危险的预期会引发某些生理事件。弗洛伊德认为，之所以会发生这些生理事件，是因为我们的身体在我们出生的那一刻起就学会了对突然增加的非愉悦刺激做出反应。所有食肉动物和非人类的灵长类动物在面对危险时都会经历类似的身体反应。因此，这种对突然的非愉悦刺激的反应可能是神经系统所固有的。当婴儿还在子宫里时，刺激是可以调节和控制的。然而，在婴儿出生的那一刻，外界的刺激会突然增加，让婴儿不知所措。对于婴儿来说，这些刺激一定是非愉悦的体验。对此，婴儿的身体会做出反应，包括心率和呼吸的骤变，这些生理变化都是我们现在所认为的焦虑。弗洛伊德将婴儿出生的那一刻称为"创伤时刻"。事实上，这是最初的创伤时刻。然而，此时此刻的婴儿并不会感到焦虑，因为他们无法预见危险，但他们会感到无助。面对那些不想要的新刺激，婴儿是无能为力的。这就成了面对危险时的无助的原型。

婴儿很早就知道母亲存在的重要性。如果发生了不愉悦的事，如饥饿、疼痛或不适，婴儿是没有能力改变自己的处境的，只有母亲（或者母亲的替身）才能为婴儿消除饥饿、疼痛或不适。很快，婴儿清楚地意识到，如果发生紧急情况，母亲的存在是至关重要的。当然，婴儿渴望母亲的存在还有其他原因——母亲是爱和快乐的来源。母亲不在身边的危险在于万一遇到麻烦，没有人能保护婴儿。这是婴儿发育过程中学习预期的阶段（在6到7个月的时候），是成长过程中的一大步。当婴儿意识到母亲不在身边时，他们会对自己说："我现在没有任何不适，但我可能很快就会感到不适。如果我感到不适，母亲又不在身边，那么无助的我将无法消除不适。"现在，真正意义上的焦虑（即对面临危险时的无助的警告信号）已成为可能。在经历这种焦虑时，婴儿会大声哭喊。如果足够幸运，婴儿会在危险到来之前学会如何阻止危险的发生。从生存的角度来看，这种预期机制具有非常强的适应性，但从心理学的角度看，这是一个巨大的滑坡，因为不久后孩子就会害怕有什么东西会让母亲收回她的爱和保护，进而压抑自己的行为。在真正的不适感到来之前，引发这种焦虑会经历几个漫长的阶段。

　　每当我意识到我伤害或激怒了母亲，我就会变得非常恐惧。这样的恐惧，我到现在还记忆犹新。我并非在一个暴力的家庭中长大。我不记得我的父母曾打过我，我也很少受到惩罚或被剥夺权利。尽管如此，哪怕是一点惹恼父母的迹象都会让我充满恐惧。弗洛伊德将这种现象出现的来源直接追溯到了人的出生，即最初的创伤经历。引发焦虑的下一阶段甚至会带来更多的问题——一想到自己会做让父母不高兴的事或说让父母不高兴的话，就会引发焦虑。弗洛伊德认为，在我们的一生中，我们最主要的恐惧是害怕失去珍爱的人或东西。失去珍爱的人所给予的爱，在心理上就等同于失去这个人。对弗洛伊德来说，痛苦是对失去的反应，而焦虑是对失去的预期。

弗洛伊德把焦虑分为三类：现实性、道德性和神经性焦虑。焦虑是自我的一种功能。自我需要处理三个难以满足的力量：外部世界、本我和超我。每一种力量都会产生某种焦虑。现实性焦虑是对外部世界的某个东西（如攻击的狮子）的恐惧。道德性焦虑是对被超我惩罚的恐惧（我如果在深思熟虑后还是做了一件不应该做的事，就会产生痛苦和罪恶感）。神经性焦虑是一种意识不到对象的恐惧（不知道为什么，我就是感到害怕）。神经性焦虑源于一种隐藏的冲动，一种产生于本我的冲动。一旦隐藏的冲动被揭露，其产生的焦虑要么是现实性的，要么是道德性的。这种冲动在本质上令人恐惧而受到压抑的原因在于，将该冲动付诸行动会带来现实的危险或罪恶感的惩罚。

弗洛伊德举了一个例子，即他的病人"小汉斯"[3]。这个孩子对母亲有着强烈的乱伦之爱，因此感到恐惧不已。这是一种神经性焦虑，因为对小汉斯来说，造成这种焦虑的真正原因是隐藏的。这又是一种现实性焦虑，因为将这种乱伦之爱付诸行动会招致外部世界的惩罚。读到这里，你们都不会怀疑，小汉斯的终极恐惧是害怕因乱伦冲动而受到惩罚。他害怕被马咬——根据弗洛伊德的解释，即害怕被阉割。

弗洛伊德认为，阉割焦虑是造成男性过度压抑和神经症的主要原因。例如，弗洛伊德指出，不管采取什么样的预防措施，绝大多数的男人还是会对性病产生强烈的恐惧。同时，弗洛伊德认为，女性的过度压抑和神经症很可能是由害怕失去至爱的恐惧（源于最初对失去母爱的恐惧）造成的。这是一种神经性焦虑，因为性冲动部分或完全地受到了压抑。这又是一种现实性焦虑，因为她们害怕的是外部世界带来的痛苦后果。

神经性焦虑是对未知、无意识的危险的恐惧，所以心理治疗的目标是让这种危险变得已知，好让病人能够应对危险。一个很好的例子便是广场恐惧症。患有广场恐惧症的人害怕离开家，害怕去公共场合，害怕到街上去。他们不知道自己为什么会如此恐惧。他们只知道，上述情况会带来强烈的，往往是难以忍受的焦虑。广场恐惧症的一个已知病因是这样的一条因果链：我的内心充满着得不到满足的性渴望。如果我将这些性渴望付诸行动，我就会感到强烈的罪恶感。如果我走出家门，到一个公共场合去，我就会遇到很多人，而他们中的一些人会引诱我将性冲动付诸行动。如果诱惑很强烈，我就会屈服于诱惑。因此，到处都有潜在的危险。我会失去我所珍视的人的爱和尊重。也许我会感染性病或在某些方面受到伤害（如果我是一个男人的话）。最重要的是，在良心的谴责下，我会希望自己从未出生。当我打算外出时，我会预料到可怕的危险。随后，焦虑感袭来，警告我要避开街道的诱惑。我不知道为什么外出的想法是如此可怕。我只知道，我很恐惧。

焦虑在心理问题中所扮演的角色

我在上文提到，焦虑存在于所有心理问题的因果链中，其重要性再怎么强调也不为过。我曾有一段被赶出公寓的经历。我在那个公寓住了好多年，生活一直很愉快。当我接到通知说公寓楼要被卖掉而我必须搬家时，我经历了严重的惊恐发作。几天后，惊恐发作的症状有所缓解，但我仍然处于极度的焦虑之中。我很快听说，我所在的社区里还有其他不错的公寓，但这并没有减轻我的焦虑。曾有一段时间，我预料到了我会被迫搬走，因为老房东的身体每况愈下，他的妻子也曾提过要卖掉公寓楼。我的焦虑一直很强烈，直到搬进新公寓的几个月后才逐渐缓解。我的治疗师朋友说我太焦虑了。我试图找到焦虑的根源，可每当我尝试探寻，我的焦虑感就会增加。没过多久，我便放弃了努力。

外部世界的情境是真实存在的，但它并不重要。显然，某种无意识的东西依附在了外部情境上。搬家一年后，我终于找到了依附于外部情境的神经性焦虑。在我13岁的时候，我年轻的父亲突发心脏病，毫无征兆地走了。很快，悲痛欲绝的母亲带着我离开了家，离开了小镇，离开了我的朋友们和所有熟悉的东西。之后，母亲选择了隐居，而我则留在了一个陌生的地方，和我不认识的亲戚住在一起。我的母亲从悲痛中走出来后，重新拾起了结婚前的事业——表演。我们住在一个小公寓里，但我几乎见不到她。我觉得我失去了一切。

不难想象，失去公寓只会带来些许不便，但依附于此的正是我的神经性焦虑：我的房东即将面临死亡，他的公寓楼也即将被卖掉——我即将失去自己的家。所有的这一切让我想起了我曾经失去的东西。但我的神经性焦虑究竟是什么呢？读过第四章的朋友一定知道，那时的我正13岁，正是俄狄浦斯情结骤然增强的时候。我们可以认为，我在无意识中想让我的父亲消失，却在现实世界实现了我的可怕愿望。在初级过程的领域，愿望等同于行为。因此，我犯了弑父罪。一般来说，对弑父罪的惩罚是流放，即俄狄浦斯的命运。的确，我被流放了，从而证实了我的罪名。为了演完《俄狄浦斯王》这部剧，我很快发现自己和年轻、漂亮的母亲住在了一个一居室的公寓里。虽然我没怎么见到她，但事实并没有因此改变：俄狄浦斯情结的胜利是彻底的。

当童年的情景再次重演时，曾经的焦虑便浮现了出来，这就是弗洛伊德所说的道德性焦虑或超我焦虑。这种焦虑指的是害怕因犯下终极罪行（即弑父和乱伦）而受到良心的严惩。此外，新的流放激起了无意识的恐惧，最初被流放的痛苦便再次袭来。

究竟是什么样的焦虑让哈姆雷特如此犹豫不决，无法行动呢？如果他叔叔的死是罪有应得，那么同样有罪的哈姆雷特也应该面临同样的命运。哈姆雷特有一个无意识的恐惧：如果他杀了他的叔叔，他也会死（他的确死了）。同时，他还背负着无意识的超我焦虑：如果他杀了一个不比自己更有罪的人，他的良心会更严厉地惩罚他。

焦虑存在于所有神经症问题的因果链中。

　　珍妮是我的一位病人，她很年轻，也很孤独。她知道自己很想和别人交朋友，可每当有潜在的朋友或恋人想要和她建立关系时，她总是会退缩。她花了几个月的时间，终于发现自己之所以害怕交朋友，是因为害怕人际关系会发展成亲密关系，而亲密关系会带来某种不可名状的危险。直到她把对人际关系的恐惧与童年的一件事联系起来，这种危险才浮出水面：珍妮5岁的时候，她深爱的父亲（她在家中唯一信任的人）毫无征兆地抛弃了家，从此杳无音讯。这对她来说是一个毁灭性的创伤。慢慢地，珍妮逐渐了解到，每当她期待亲密关系时，她就会无意识地害怕自己会被再次抛弃。

　　我们在第四章中可以看到，杰弗里是俄狄浦斯情结的胜利者。他在父母离婚后，独自一人与母亲建立了强烈的情感关系。杰弗里的心理问题在于，他和妻子的性生活受到了抑制。杰弗里无意识地认为，他在床单上留下精液让母亲清洗是象征性的乱伦行为。根据初级过程的逻辑，所有的性行为（至少是所有与女人的性行为）都是有罪的。因此，一想到性，杰弗里的内心就会充满害怕受到良心惩罚的无意识恐惧。同时，他还认为自己仍属于母亲，所以他和其他人发生性关系是对母亲的不忠。他在无意识中害怕他的母亲会报复他。

如何缓解焦虑

无论焦虑是一种外在的症状还是一种隐藏的内因，我们到底该如何缓解焦虑呢？对心理动力学派的治疗师来说，这一问题的答案是显而易见的：焦虑如此强烈、令人不安，是因为其背后有一个隐藏的原因，而这一原因最终必须变得可见。

有时，时间的推移能缓解焦虑，就像我被赶出公寓的那段时间那样。然而，时间常常不起作用。格雷戈里必须好好了解他与父母的关系，才能让隐匿的焦虑浮出水面，进而缓解焦虑，最终从性压抑中解脱出来。

除了心理动力学的方法，还有两种方法可以缓解焦虑。"认知疗法"可以帮助病人看到，可怕的情境其实没有看起来的那么危险。这是一个合理的方法，但心理动力学派的治疗师质疑（他们的质疑是合理的）这种方法是否能够触及问题的无意识根源。对此，认知学派的治疗师声称，触及问题的无意识根源并不重要。这一争议仍未解决。

20世纪50年代，南非精神病学家约瑟夫·沃尔普[4]基于经典（巴甫洛夫）条件反射模型，提出了"系统脱敏法"。研究学习理论的心理学家发现，通过教授被试一个与刺激不相容的反应，可以消除不希望出现的反应。沃尔普推断，放松和焦虑是不相容的。如果教导被试在恐惧的刺激面前放松，他们就不可能会焦虑。他进一步推断，要让被试在害怕的事物面前放松并非易事，所以有必要让被试以一种循序渐进的方式接近恐惧。沃尔普发现，他可以通过让放松的被试想象可怕的情况或逐步想象更可怕的情况来达到减少焦虑的目的。沃尔普认为，所有心理问题都可以理解为恐惧症，所以他选择通过治疗恐惧症来发展他的治疗方法。恐惧症即对特定对象或处境的不合理恐惧，这种恐惧超过了病人对危险的估计。例如，病人清楚地知道飞机坠毁的可能性是极小的，可当飞机开始轰鸣起飞时，他/她还是吓坏了。

想象一下，有一个人特别害怕坐飞机，以至于影响了他/她的就业机会。沃尔普并不会对病人的过去或无意识感兴趣，相反，他会和病人合作，一起构建一个从最轻微到最严重的相关恐怖情境的层级。例如，最轻微的恐惧可能是听到某人说"飞机"这个词，最严重的恐惧可能是发现自己在狂风暴雨中飞行。然后，沃尔普会教病人一种放松技巧，叫作"渐进式放松"，让他/她一边想象第一个项目，一边放松。如果病人能在不焦虑的情况下完成当前项目，他们就会进行下一个项目。以此类推，直到病人能够毫无恐惧地想象最严重的项目。沃尔普的研究表明，一旦病人能够应对想象情境的层级，他/她就能在不严重焦虑的情况下面对实际情境。

沃尔普的批评者声称，即便沃尔普能治愈恐惧症，其根本问题还是没有得到解决，因此会有缓解期或症状替代的危险。他们补充说，这种方法不能用于像格雷戈里那样的问题，因为他并没有有意识的焦虑，仅仅是缺乏唤起。从科学的角度来看，沃尔普方法的有效性还没有定论。

一些对沃尔普的研究感兴趣的心理动力治疗师思考了以下可能性：我们相信症状是由一种无意识现象引起的，因此在症状和潜在病因之间必然存在某种关联。如果我们能用心理动力学疗法成功地处理潜在的病因，外在的症状就会消失。可是，这样的关联链就不能换个方向吗？也就是说，如果症状能通过某种方法（如沃尔普的方法）得到解决，关联链是否可以削弱甚至消除潜在的病因？

我曾接待过一位病人。他在上下班的途中会经过一座大桥，每当他把车开上桥，他就会惊恐发作。我的这位病人非常优秀，有研究生学位，而他的父亲则是一个蓝领工人，脾气暴躁，且非常记仇。他的心理问题是，因为"超越"了父亲而产生了强烈的罪恶感，并由此而感到恐惧，认为自己必须为此付出代价。我们花了几个月的时间来解决他的问题。同时，我们还探讨了超越父亲和"开上"这座桥之间的象征性联系。几个月后，他对那座桥的恐惧消失了。在那之后的几年里，我们一直在解决困扰他的其他问题，而他的恐惧症再未复发。一个有趣的问题是，如果我用沃尔普的方法成功地治好了他对桥的恐惧症，又会发生什么呢？关联链会不会调转方向？他会不会因此减少对超越父亲的罪恶感和恐惧？他会不会因此避免恐惧的重演？

所有的这一切仅仅是猜测。我们应该注意到，弗洛伊德并不会认为这个"落后的"假设具有什么可信度。但不管怎样，如果恐惧症是病人的主要问题，如果恐惧症非常严重，进而大大影响了病人的正常生活，那么最有效的处理方法似乎还是沃尔普的系统脱敏法。之后，病人也可能会想要用另一种疗法来解决其他问题。我们还应该注意到，近段时间，恐惧症的药物治疗取得了重要进展，特别是一些抗抑郁药物。

沃尔普方法能够有效地缓解焦虑。这也就意味着，找出导致症状出现的原因之后，我们并不一定能发现去除症状的最佳方法。弗洛伊德关于焦虑起源的观点可能是完全正确的，但与此同时，有些焦虑也可以通过心理动力学之外的方法来缓解。

我们该如何应对弗洛伊德最关心的焦虑问题？为了理解这一问题，弗洛伊德开始考虑另外一个问题，也就是我们在第七章中要讨论的话题：防御机制。

第七章　防御机制

　　弗洛伊德学说的所有理论都基于一个基本观点，即精神疾病是防御焦虑的结果。

　　——彼得·麦迪逊《弗洛伊德的思想：压抑与防御》

几乎从出生起，我们就注定要面临不可避免的冲突。我们有许多无法克制的冲动需要得到满足，而外部世界与这些冲动相对立。如果我们想要满足这些冲动，外部世界就可能会给我们带来惩罚，这便是第一个冲突。它贯穿我们的一生，以各种形式表现。在童年时期，我们又必须应对另一种力量。这一力量即超我（良心），可能会给我们带来罪恶感的惩罚。精神分析就是对这些冲突以及如何应对这些冲突的研究。

我们在弗洛伊德对精神生活的描述中看到，冲动来源于本我，而自我是人格中负责处理本我、外部世界和超我之间的冲突的部分。自我必须让我们远离危险，同时又能满足我们的一些冲动。它必须尽其所能，将我们的心理痛苦降到最低。最重要的是，自我必须保护我们不被3种焦虑压垮，即现实性、道德性和神经性焦虑。要完成这项任务并不容易。一方面，对满足某些冲动的预期会引发对惩罚的恐惧，从而产生强烈的焦虑。另一方面，有意识地放弃冲动又会让人非常沮丧。

弗洛伊德将自我解决这些困境的诸多尝试称为"防御机制"。他反复强调，防御机制是精神分析理论的基石。我们如果理解了防御机制，就能理解人类心理的运作方式。弗洛伊德还补充说，我们如果能理解防御机制，就能理解神经症。但值得注意的是，弗洛伊德和他的所有追随者认为，使用防御机制并不一定是病态的，相反，我们都会使用防御机制。没有防御机制，我们就无法生存。只有当自我过多或僵化地使用防御机制时，防御机制才会成为一个问题。

在物理医学中有一个常见的现象：有时，身体会为了减轻疾病或伤害而变得过度亢奋，结果让情况变得更糟。弗洛伊德的观点，即防御机制是引发神经症的关键因素，也具有相同的含义。为了保护自己不受焦虑的影响，人们有时会采取过度的防御措施，而这些防御措施会永远地成为他们性格的一部分，给他们带来沉重的负担。

在各种防御机制中，弗洛伊德首先关注的是"压抑"。我们在第二章中探讨过这个机制。我们看到，过度的压抑会给我们的生活带来严重的负担。后来，弗洛伊德又补充了其他机制，但他从未抽出时间对它们进行系统的描述。这一重担落到了他的女儿安娜·弗洛伊德的肩上。1936年，她出版了《自我与防御机制》[1]。至今，这本书仍是探讨防御机制的精神分析书籍中的权威。她从父亲的著作中挑选了一些关于防御机制的论述，自己又补充了一些。在这里，我们主要探讨那些最重要的机制。

关于防御机制，我想提出一个与经典定义不同的定义。我们将在本章的后半部分讨论它和经典定义的不同之处。相较于经典定义，我的定义则更为简单（我希望这是一个优点）：防御机制是对知觉的操纵，目的是保护人们不受焦虑的影响。知觉的对象可以是内部事件，如一个人的感觉或冲动，也可以是外部事件，如其他人的感觉或现实世界。

压 抑

为了阐释这个定义，我们可以先探讨一个已经熟悉的防御机制——压抑。压抑意味着将冲动或感觉排除在意识之外。因此，压抑是对内部事件知觉的操纵。

如果对某人产生性欲会触犯禁忌，这样的欲望就会变得非常危险。如果性欲的对象是我的父母、孩子或兄弟姐妹，或是一个和我性别相同的人（如果我把自己定义为异性恋），那么意识到这种欲望将会把我置于一个危险的境地：我可能会承受痛苦的罪恶感。如果我向谁透露了这个愿望，我将面临更大的危险：我可能会被人羞辱或惩罚。如果我意识到了这种冲动，并设法将它完全隐藏，我就必须处理两种负面情绪——不仅仅是内疚，还有一种强烈需求永远无法得到满足的挫败感。显然，意识不到这种欲望会对我更加有利。

同样的，攻击冲动也是如此。绝大多数人都很难意识到自己对身边人的愤怒情绪。对于我们中的一些人来说，要接受我们对任何人的愤怒情绪是很困难的。就像性欲一样，愤怒最好也是无意识的。

我们可以有这样的选择，这一选择便是压抑。我们又见到了我们的老朋友，即看守着意识客厅的守卫。他对想要进入意识的欲望进行审查，并决定将其排除在外，留在门厅。如果这样的欲望试图进入客厅，守卫就会再次把它赶出去。根据防御机制理论的说法，自我认识到了本我的两大要求：

· 欲望必须得到意识的注意。

· 欲望必须通过行动得到满足。

自我很清楚，不管满足哪个要求，超我都会带来强烈的罪恶感。同样清楚的是，如果欲望被揭露，外部世界可能会带来消极的反应。因此，自我压抑了欲望，即把欲望排除在了意识之外，将其禁锢在了无意识中，以此来保护自己不受焦虑（即对面临危险时的无助的预期）的影响。我们将在第八章中看到，至少对攻击欲望来说，压抑欲望是得不偿失的。超我并不会因攻击欲望进入无意识而平静下来。[①]在上文的例子中，对内部事件（愿望）的知觉受到了阻碍。我仍然渴望那个人，或是我仍然想要伤害那个人。可现在，这种渴望是无意识的，我看不见，也感知不到。

我们在第二章中看到，压抑是不可或缺的。乱伦的愿望便是一个很好的例子。在我们当中，很少有人会想要触犯禁忌，承担后果，所以意识到乱伦的冲动会带来强烈的痛苦、沮丧和罪

---

① 弗洛伊德是他那个时代最优秀的神经病学家。他在开始职业生涯，成为心理治疗师之前，是一名杰出的神经科学家。他很清楚，一个人的脑子里并没有3个小人在争论、威胁和协商。实际上，本我、自我和超我各自代表了一组功能，即人格的各个方面。有时，他认为把它们当作独立的实体来讨论非常有用。我在这一段中就是把本我、自我和超我当作独立的实体来讨论的。

恶感。很多性欲和攻击冲动也是如此。另外，如果我们完全不压抑，我们的意识中就会充斥着各种幻想和冲动，将我们压垮。

我们在第二章中还看到，我们大多数人都过多地压抑了自己的欲望。如果我意识不到我爱的情感（爱欲兼备）、游戏性、自信或悲伤，我的生命就会被截断和扭曲。如果是对合适的冲动进行适当的压抑，那么压抑的确是必不可少的。然而，过度的压抑会让我们的生活出现严重问题。

在这一点上，我们可以得到育儿方面的一些启示。我们的父母都曾教导我们，行为有好有坏，感觉也有好有坏。然而，很少有父母会鼓励孩子区分感觉和行为，完全支持孩子尽情感受的权利，同时教导他们有些行为是被禁止的。对于孩子来说，鼓励他们区分感觉和行为的不同将会很有益处，因为这能够保护孩子在以后的生活中不受过度压抑的影响。

弗洛伊德和他的女儿认为，压抑是最基本的防御机制，也是最有可能导致严重神经症障碍的因素。我们将会看到，如果其他防御机制被过度使用，也会带来破坏性的影响。但在大多数情况下，这些防御机制是正常精神生活的一部分。在下文中，我们将会进一步探讨这些防御机制，即否认、投射、反向形成、对攻击者的认同、移置和自我攻击。

否　认

压抑是对内在事件知觉的操纵。相反，否认机制是对外部事件的心理操纵。

否认，即通过不去感知或错误地感知我们的想法或感受之外的世界，以保护自己免受焦虑的影响。一旦我们度过了童年，否认就会给自我带来问题。自我的一个任务是检验现实。我们依靠自我评估现实的能力才得以生存。同时，也正是通过自我的这种能力，我们才得以将满足最大化。自我提醒我们，纵使我们能最大限度地从飙车中获得满足，但现实的情况是，我们很可能会因严重超速被警察逮捕或丢掉小命。对自我来说，使用一种扭曲现实的防御机制（如超速没有危险）会让它非常为难。可尽管如此，即使是最成熟、最灵活的自我也会使用否认机制来扭曲现实。

在当今世界，否认的一个典型的例子是很多人总是不愿承认已知的健康风险，比如明目张胆地吸烟。要想在不太焦虑的情况下抽烟，就必须抹掉对危险的意识。

若干年前，美苏的核对峙达到了顶峰。那段时间，地球上的所有居民一直处于极度危险的境地。如果发生灾难，后果将不堪设想。我怀疑，对于每个人来说，如果不想让焦虑影响自己的生活，一定程度的否认是必要的。大多数人似乎都极力否认了危险，即使是反核的积极分子也需要一些否认来维持正常的生活。

嗜赌成性的赌徒会在输掉了一大笔钱后使用否认机制。中彩票赢大奖的概率非常小。我的一个朋友说他会中彩票。每当有人说他们都不知道他买了彩票时，他都会回答道："我确实没买，但我和那些中彩票的人一样能中奖。"中彩票的概率的确很小，但彩票店从来不缺顾客。如果不去否认大概率赢不了钱的事实，爱玩老虎机的人就根本玩不下去。即使是扔两把骰子（这是赌场里亏钱概率最小的游戏），玩家也必须否认他们在未来赢钱的机会有多么小。

我们绝大多数人都会（至少会有那么几次）使用否认机制来防御焦虑。有一次，我很想接下一个工作任务。好几个星期，我都坚定地认为这个任务非我莫属。我的一个朋友担心我在面对现实后会崩溃，便把我拉到一边，轻轻地对我说，除了我，所有人都认为我没有任何机会。我上司的种种表现已经说明了一切，可我没有让自己看到那些暗示。

有时，我们也会在恋爱关系中使用否认机制。例如，我们并不想承认自己的爱仅仅是单相思。在相反的情况下，如果恋爱关系非常愉快，我们也会拒绝承认自己在恋爱关系中投入的感情比预想的要深。

正如吸烟的例子所示，否认机制会变得非常危险。然而，否认机制有时又具有一定的适应性。有一次，我的一个朋友需要做活检。医生告诉她，诊断的结果可能是良性，也可能是恶性。她按照医生的安排做了活检，活检结果需要等待7天才能知道。那个星期，她过得非常愉快，悠然自得。我们有一个共同朋友是心理学家，水平很高。我对这位朋友说，我担心否认机制会害了她。如果检查的结果是恶性，她可能会接受不了。然而，这位朋友建议我不用管她。相反，我应该为她高兴，因为她能在无法改变现实的情况下，通过自我的力量来否认危险。我从未忘记过这个建议。顺便说一句，诊断的结果非常好。

投 射

投射是一种同时操纵内部和外部知觉的防御机制。投射，即通过压抑一种感觉并误认为别人也有这种感觉以保护自己免受焦虑的影响。我压抑了自己的愤怒，认为你在生我的气。我压抑了自己的性欲，认为你对我有非分之想。

顺带说一下，这种形式的投射经常会伴随对同性恋的恐惧。我压抑了自己对同性的渴望，认为另一个男人（也许是一个我认为是同性恋的男人）想要勾引我。许多反对同性恋的政治指控似乎都能在投射机制中找到根源。例如，经常会有人提议禁止男同性恋者在学校教书或做童子军的领队，因为他们可能会宣扬同性恋的生活方式，甚至诱奸男童。目前，没有任何证据能证明这一点。根据投射理论，一种可能的解释是反对同性恋的人害怕自己会被同性勾引或自己勾引同性。读到这里，你们就不难理解为什么会有那么多的异性恋军人强烈反对公开出柜的男同性恋入伍。

弗洛伊德认为，恐同的投射可以解释很多妄想症。

我的病人杰伊是一个博士生，为了完成博士论文，他熬了很久。一个月过去了，又一个月过去了，杰伊对学位论文委员会的教授变得越来越愤怒。杰伊声称，这些教授不停地在他攻读博士学位的道路上设置障碍，并断定他们并不想让他获得博士学位，所以便串通一气，在暗中阻挠他。这段时间，我越来越确信，杰伊在故意搞糟自己的论文，在无意识中决定不完成它。杰伊的父亲是一名蓝领工人，为了让儿子接受教育，他做出了许多牺牲。可惜的是，杰伊刚开始读研究生时，他的父亲就去世了。杰伊经常对我说，他很爱他的父亲，他对父亲鼓励他接受教育充满了感激。同时，他也感到很难过，因为他的父亲没能活着看到他完成学业。渐渐地，我发现杰伊还有一个心结：他因为自己超过了父亲而产生了强烈的罪恶感。当然，导致杰伊罪恶感的因素并不只有一个——他父亲的死让他独占了母亲。这种复杂的情感让杰伊感到非常恐惧。对此，他的解决办法便是把自己的卑微感和失败的愿望投射到教授身上。

很多时候，我们都会使用一些轻微的投射机制。除非投射机制对一段关系造成了足够大的影响，否则我们就不会注意到它的存在。把不忠的幻想投射到伴侣身上然后责备他（或她），这样的投射并不罕见。

在我上大学的时候，我的一个朋友和他的室友闹翻了。我的朋友坚信，在他出城的那段时间，他的未婚妻想要和他的室友发生关系。他的未婚妻很懂心理学，所以在激烈的对抗中显得格外冷静。她对我的朋友说："的确有人想和泰德上床，但那个人不是我。"这句话把他彻底震住了。后来，他对我说，在听到那句话之前，他一直坚信自己是绝对的异性恋。在这之前，他在心理学课堂上听到"每个人在无意识中都是双性恋"的理论时还不以为意："除了我。"

这种情况还不算是个大问题（甚至还很有启发性），但极端的投射会成为一个非常严重的问题——它会不断恶化，直到发展成完全的妄想症。

反向形成

反向形成是一种通过操纵内部知觉以保护自己免受焦虑影响的防御机制，指的是将一种感觉错认为它的反面。这常常意味着将爱转化为攻击，或将攻击转化为爱。

在贝多芬的一生中，有一段关于他的侄子卡尔和他的嫂子乔安娜（即卡尔的母亲）的经历，非常有趣却又令人痛心：贝多芬对乔安娜产生了一种莫名其妙的仇恨情绪，并坚信他必须从乔安娜手中救出卡尔。梅纳德·所罗门[2]是贝多芬的传记作家，很懂心理学。他提出了一个令人信服的解释，即贝多芬对乔安娜的强烈仇恨代表了他对她的无意识性欲。

反向形成的一个极其重要的形式是将愿望错认为恐惧。这是一种保护自己不因愿望而产生罪恶感的常见方式。

> 我的病人玛丽安有一个10岁的儿子。她很担心儿子的人身安全，便把他看得很紧，限制他的自由，比他朋友们的母亲都要严格。她总是忧心忡忡，担心会有什么可怕的事情发生在

孩子身上。她报告称，在孩子（她唯一的孩子）出生前，她一直是个快乐无忧的人。可儿子出生后，她患上了产后抑郁症，并持续了很长一段时间。在这之后，她不断被严重的抑郁情绪所困扰，十分痛苦。玛丽安经常对我说，她很爱她的儿子，很担心他的安全。过了好几个月，她才允许自己探索另一种可能性，即她对自己的孩子还产生了愤怒的情绪。又过了好几个月，她才允许我说出事实的真相："我们都知道你的孩子并不想伤害你。可在我看来，有时你的确想要让他受到惩罚，因为他毁了你的生活。"

在第三章中，我们看到了一个"愿望隐藏于恐惧之下"的经典例子：固着于肛欲期的人对脏乱环境的恐惧掩盖了他们对获得自由的渴望（他们在童年时期并没有得到这样的自由）。相对来说，适度的反向形成是无害的。然而，严重的反向形成会导致神经症，给病人带来巨大的痛苦。

心理动力学派的治疗师认识到，如果他们发现病人的恐惧难以解释，他们就应该思考（至少默默地想）这种恐惧会掩盖什么愿望。

反向形成的另一种形式是逆恐惧症，即通过错认恐惧为欲望来让自己不用面对恐惧。

我总是会被刀具店深深地吸引。在纽约有一家连锁的刀具店，橱窗里陈列着无数闪亮的餐刀、剃须刀和剪刀。我可以在橱窗前站好长一段时间，尽管我肯定不需要再来一把瑞士军刀。读到这里的你们一定看得出来，这是对严重阉割焦虑的逆恐惧反应。

对攻击者的认同

在安娜·弗洛伊德的书中，最重要的一章是关于对攻击者的认同。[3]虽然西格蒙德·弗洛伊德曾在不同的语境中描述过这种现象，但他从未将它单独拿出来命名。

如果一个比你更强大的人对你有攻击意图（或者你害怕他可能有这样的意图），面对这样的人就会给你带来强烈的焦虑。对强者产生攻击意图也可能会引发焦虑，因为你会害怕遭到报复。对攻击者的认同是一种防御机制，其目的在于避免与强者发生冲突或受强者的摆布，以保护自己免受由此产生的焦虑的影响。

我们在第四章中看到，对攻击者的认同在俄狄浦斯情结的解除、青少年身份的形成以及超我的形成中起着至关重要的作用。

精神分析学家南希·麦克威廉斯[4]指出，如果安娜·弗洛伊德把这一现象称为"对攻击者的内投"，她对这一现象的讨论就会更为清楚，因为"对攻击者的内投"显然就是她想表达的意思。与内投相比，认同通常意味着一种不那么自动和无意识的防御手段。孩子与父母、导师或同龄人的认同非常明显，从他们的衣着、态度和言行举止中就能看得出来。同时，孩子也内投了他们身上的某些方面（比如在俄狄浦斯情结的解决阶段）。心理内投意味着我在无意识中认为他人身上的某个或多个属性也存在于我的身上。然而，我们将坚持安娜·弗洛伊德的说法，因为"认同"在精神分析的话语体系中一直处于明显的重要地位。

　　通过对攻击者的认同，我能够内投危险人物的某些方面，好让我觉得自己也很强大。我可以内投他/她的一个或多个个人特征，我可以内投攻击性，我也可以内投两者。在俄狄浦斯情结的解除中，一个内投的典型情况是我会变得像我的同性父母一样，把自己定义为异性恋者，并开始寻找自己的伴侣，我很可能也会在其他方面变得很像同性父母。我通过这样的内投构建了我身份的一些重要部分。

　　使用该机制的同时，我也可以使用投射机制。我将我的攻击意图投射到他人身上，以保护自己不受超我焦虑的影响，即保护自己不受罪恶感的攻击。因此，我没有意识到自己对父亲有攻击意图，我只知道我害怕他。由于我内投了父亲的力量，所以我对他的恐惧变得可控。那些扮演无所不能的超级英雄的孩子每天都在使用这种防御机制以适应环境。毫无疑问，他们认同的是一个强大、可怕的人，通常那个人就是他们的父母。

　　为了阐释这种防御机制，精神分析学家布鲁诺·贝特勒海姆（他本人就是大屠杀的幸存者）在他关于纳粹集中营的书[5]中提到了一个令人痛心的例子：被监禁的犹太人对纳粹警卫建立了认同，他们模仿警卫的言行举止，还把警卫制服上被扔掉不要的东西拿来当成宝贝。

移置和自我攻击

　　至此，我们还有两种防御机制没有考虑。安娜·弗洛伊德在书中提到了一位女病人，这位病人为应对焦虑所做的努力能够说明我们尚未探讨的两种机制：

> 小时候，这位病人觉得她的母亲更宠弟弟，因此对她的弟弟产生了强烈的嫉妒心。最终，她的嫉妒情绪演变成了对母亲的强烈敌意。她常常公开宣泄自己的愤怒，忤逆自己的母亲。然而，她对母亲的爱同样强烈，这使她陷入了激烈的冲突之中。她害怕她的愤怒会让她失去母亲，失去她无比渴望的母爱。进入潜伏期后，她的焦虑和冲突变得越来越严重。为了应对焦虑，解决矛盾心理，她首先使用了移置的防御机制——把对母亲的憎恨转移到了其他女性身上。在她的生命中，如果母亲是最重要的女人，那么第二重要的女人总是会受到她强烈的憎恨。比起对母亲的憎恨，她对母亲的罪恶感会少一些，但也不是完全没有。因此，移置并不足以解决问题。
>
> 现在，她的自我诉诸第二种机制，西格蒙德·弗洛伊德称之为"自我攻击"。在使用该机制之前，她的憎恨只与他人有关。可现在，她把憎恨转向了自己，她深受自责和自卑感的折磨。从青春期到成年，她总是千方百计地使自己处于不利地位，损害自己的利益；总是牺牲自己的愿望，屈从于别人对她的要求。[6]

就像其他防御机制一样，移置和自我攻击在日常生活中非常常见。只要比较轻微、短暂，这两种机制就相对无害。移置这一防御机制非常普遍，俗称"踢狗效应"。我的老板把我骂了一通，显然，我无法向他表达我的愤怒。更微妙的是，我甚至都可能不会允许自己完全感受到愤怒，因为愤怒的情绪不仅会让我的工作和生活变得不愉快，还会激起我的无意识罪恶感（这一罪恶感来源于对父母的无意识愤怒）。这时候，和我亲近的人往往会对我敬而远之——他们才是更安全的目标。

　　我的病人维多利亚在小时候就知道表达愤怒会带来可怕的后果。如果她表达了愤怒，她的父母常常会好几天对她不理不睬。她在成长的过程中几乎体会不到愤怒，更不用说表达愤怒了。每当在人际关系上遇到了困难，她的反应都是感到抑郁。她花了很长时间才意识到，她的抑郁正是将愤怒导向自己的结果——如果要转移愤怒，她自己才是唯一安全的目标。

　　在本章的开头，我提出了一个"防御机制"的定义：防御机制是对知觉的操纵，旨在保护人们免受焦虑的影响。这种知觉的对象可以是内部事件，比如我的感受或冲动，也可以是外部事件，比如其他人的感受或现实世界。同时，我声称这个定义不同于经典定义。该定义和经典定义的不同产生了一个有趣的问题。

　　安娜·弗洛伊德曾在书中写道："像移置……或自我攻击这样的防御过程会影响本能过程本身；而压抑和投射只是阻止对本能过程的感知。"[7]她的意思是说，上述例子（即我从她书中引用的例子）中的那个使用移置的孩子的确停止了对母亲的憎恨，并开始憎恨其他女人，然后是她自己。这种变化不仅仅是感知上的变化。然而，根据我提出的定义，她对母亲的憎恨可能仍存在于无意识中，仅仅是受到了压抑，却并没有被感知到。

有的病人会把他/她的俄狄浦斯情结转移到另一个人身上，但他们无意间的言行举止往往能清楚地表明他们最初的渴望仍存在于无意识中。在心理治疗中，这样的病人并不罕见。

1926年，弗洛伊德提出了第二个焦虑理论，对他的防御机制理论产生了重大影响。你们一定还记得，1926年的理论将焦虑描述为一个信号，旨在提醒人们即将面临危险时的无助，而防御机制是为了保护人们免受那种无助感的影响。弗洛伊德认为，如果成年时期的焦虑会让人们回想起早期的创伤情境（即新生儿、婴儿或儿童受到大量高强度的创伤刺激），那么这样的焦虑就会加剧。因此，防御机制的一个重要功能是阻止创伤性的刺激。

防御机制必须对抗3种焦虑，其中的一种焦虑便是道德性焦虑，即对超我的恐惧。这就引出了心理动力学中的一个主要问题，即罪恶感的问题。这是第八章的主题。现在，让我们一起来探讨一下吧。

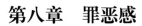

第八章　罪恶感

文明进步的代价是罪恶感。

——西格蒙德·弗洛伊德《文明及其不满》

弗洛伊德关于"文明"发展的主要研究有一个惊人的前提：我们为了文明的进步牺牲了幸福，而导致我们不幸福的机制是一种日益增长的罪恶感，通常是对无意识冲动的罪恶感。在本章中，我们将探讨两个问题，即弗洛伊德如何理解我们失去幸福的方式和原因，以及这种理解如何与他的超我理论相联系。

　　我的一个病人受不了同事的软磨硬泡，只好答应帮她做一件苦差事。可她真的不想做出这个承诺。经过深思熟虑，她终于鼓起勇气，收回了自己的承诺。她的同事非常生气，指责她不守信用。对此，我的病人的第一反应是极度的愤怒。她从一开始就不想做出承诺，她觉得自己被一个无耻的家伙给耍了。她的愤怒大约持续了30分钟，之后便被一种痛苦的罪恶感取代。她对自己说，不管她的同事想要什么，她都没有权利让同事失望。

像这样的痛苦情境，我们大多数人（尽管可能不是所有人）都再熟悉不过了。我们可以将其视作一种"吵闹的"罪恶感，这种罪恶感往往会高调地对外宣称，自己就是罪恶感，你绝对不可能搞错。在我们当中，有很多人深受这种罪恶感的折磨，常常会感到对自己所做的、所说的甚至所想的痛苦万分。他们很清楚，这种罪恶感给他们的生活带来了沉重的负担。有些人的罪恶感特别强烈，甚至都不需要别人生气或埋怨，仅仅是表达自己的想法就足以引发罪恶感。这并不是一个陌生的领域：多年来，有很多书籍和工作坊都在致力于帮助那些饱受"吵闹的"罪恶感折磨的人。

和"作为"的罪行一样，幻想自己有"不作为"的罪行也会引发罪恶感。我有一个病人，多年来，他总是会感到一种隐约的罪恶感。每当他注意力分散或无事可做的时候，他就会有这种罪恶感。他总是觉得有什么事情他本该完成或应该去做。有时，他能说出自己哪些任务没有完成，但常常说不出来。

还有一种罪恶感叫"安静的"罪恶感。不像"吵闹的"罪恶感，"安静的"罪恶感并不会对外宣称自己的身份。"安静的"罪恶感会让人们以一种奇怪的方式进行自我惩罚，常常让未经训练的治疗师困惑不已。对此，心理动力学派的治疗师推断，人们之所以要惩罚自己，是因为他们在无意识中想要通过惩罚自己或让自己失败来减少一点"安静的"罪恶感。

几年前，一位总统候选人被公开指控通奸。他否认了这一指控，义愤填膺地说道："如果你们不相信我，那就来跟踪我啊。"

那天，他整个晚上都在和情人约会。他的虚张声势被记者无情地揭穿。第二天早上，他成为总统的希望永远地破灭了。

有的学生会"忘记"重要考试的日期，即使他们已经做好了准备。

一名员工得知老板在考虑给她升职，不久后便辱骂了她的老板。

　　一个男人终于把他想睡的女人哄上了床。令他感到诧异的是，他发现自己竟然阳痿了。

　　除了"吵闹的"罪恶感（即有意识的罪恶感）和"安静的"罪恶感（感觉不像是罪恶感，人们只会自我惩罚，并在无意识中觉得自己罪有应得），还有"沉默的"罪恶感。产生"沉默的"罪恶感的人并不会感到罪恶感，也不会用匪夷所思的方式来惩罚自己。他们只是在很多时候觉得自己像坏人，或是感到隐约的不快和不满。归根结底，这是一种最常见、最严重的罪恶感。同时，这种罪恶感往往会持续存在，所以也最具破坏性。在弗洛伊德看来，如果不受任何约束，人类就会自私地追求自己的利益、满足和快乐。如果有什么人或什么事妨碍了他们，他们就会生气。如果他们觉得自己足够强大，他们就会毫不犹豫地排除障碍。当多数人聚集而居时[①]，这种倾向就会在不受约束的情况下导致混乱。虽然并没有证据表明弗洛伊德读过托马斯·霍布斯的《利维坦》（1651），但我所描述的观点与该作品中的观点是一致的。就像霍布斯认为的那样，弗洛伊德认为，要存在文明（尤其是先进文明），就必须存在一种机制能够压抑人类的这种不受约束、以自我为中心的攻击性。树立一个外部权威的确是一个办法，但权威不可能到处都有，所以外部权威并不能完全解决问题。因此，我们需要一个内部机制，一个能够在任何时间、任何地点发挥作用的代表权威

---

①　对弗洛伊德来说，任何一个比核心家庭更大、个体聚集而居以某种形式相互依赖的群体就能构成"文明"。这里的"文明"似乎从一开始就包括了所有的文化。如果很多人聚集而居、相互依赖，那就构成了"先进文明"。

的内部机制。弗洛伊德认为，这种需求使得人类的内部权威不断进化，变得越来越严格。

对进化的这种理解，现代生物学家肯定是存疑的。但我们不必担心，我们只需要知道，不管早期智人的真实情况如何，现代人的确有这种内在权威。弗洛伊德对该内在权威的特征进行了细致的描述。我们在第二章看到，这种内在权威是人格的一部分，被弗洛伊德称为超我。在弗洛伊德看来，超我是这样发展的：

如果不受管束，小孩子就会随心所欲地追求快乐和满足。一开始，有必要对他们进行实际的管束，以免他们妨碍他人获得满足。但很快，仅仅是父母权威的存在就足以约束孩子的行为。对弗洛伊德来说，这是超我发展的重要一步。为什么仅仅是权威的存在就能阻止孩子追求自己的利益呢？这是因为孩子很快学会了预见惩罚（即使是像规劝这样温和的惩罚）。如果我把蛋奶沙司倒在地毯上，我的母亲就会严厉地批评我，那会让我感觉很难过。可为什么会难过呢？我本可以享受把蛋奶沙司倒在地毯上的乐趣，母亲的话其实也不能把我怎么样。我之所以会感到难过，是因为我很快认识到母亲的爱对我是多么的重要。我完全依赖于她，没有她，我就无法生存。如果她抛弃了我，我的所有需求将得不到满足，包括我的生理需求和情感需求。我需要她的爱。一旦认识到这一点，失去母爱的危险将会不断回响，贯穿我们的一生。

我有一个病人，她在开始治疗前向我保证，她和她母亲的关系还挺不错的，没有特别的问题。可我很快了解到，她经常会有这样的经历：出于某种原因，她总是觉得自己必须和闺蜜爽约。放闺蜜鸽子后，她又会经历严重的焦虑发作。当我问她为什么会焦虑时，她解释说，她担心她爽约的行为会惹她的朋友生气。像这样的事，她已经经历了无数次。等到下一次见面时，她的闺蜜总是会想方设法地安慰她，但这并不能阻止下一次的焦虑发作。经过几个月的治疗，她回忆起了一段往事：有一次，她看到母亲的表情变得异常冷淡，这使她确信，一定是她做错了什么事才让母亲疏远了自己。她在无意识中害怕失去母亲的爱，当她和女性朋友在一起时，这种恐惧便转变成了一种明显的不安全感。

接下来是弗洛伊德认为的最重要的一步，实际上也是最基本的一步。警察和父母不可能哪儿都有。那么，到底是什么阻止了我们单凭一己之欲，就把快乐建立在弱者的痛苦之上呢？当然，有些人就是这么做的，所以我们会有犯罪和强者剥削弱者的问题。可如果每个人都这么做，我们的生活将会陷入混乱，我们的文明将会彻底终结。大多数人都不会这么做。即使没有权威在场，大多数人也不会这么做。这是为什么呢？

第一个原因显而易见：我们害怕有人会发现我们的恶行并惩罚我们。惩罚可能会让人面临失去爱的危险——我的病人害怕她的朋友会生气，而我则害怕收到超速罚单。

可如果没人会发现呢？如果权威真的不在场呢？那么，为什么我还要克制自己追求满足的本能冲动呢？弗洛伊德告诉我们，面对周围人的自私和攻击的本性，我们如果仅仅是靠他人对外部权威的恐惧来保护自己，就不可能像现在这样和睦共处。鉴于此，我们需要一个无处不在和威胁性更强的权威。

我们在本章的开头提到了良心，即弗洛伊德所说的超我。超我发展的最后一步便是把权威内化到我们的头脑中，这样权威就会一直伴随着我们，评判我们的行为，给我们带来被惩罚的危险。良心就是被内化的权威。如果我们不敢寻求自我满足的第一个原因是害怕外界的惩罚，那么第二个原因可能就是：没有权威并不是真的没有权威——权威一直都在，只是存在于我们的头脑中而已。因此，被惩罚的危险依然存在，即超我的折磨。在我们的精神生活中，我们把这种折磨称为"罪恶感"。我们是出于对超我折磨的恐惧才抗拒禁忌的快乐。一旦屈服于这种快乐，我们就可能会因此而付出代价，遭受超我对我们施加的痛苦折磨。弗洛伊德用"悔恨"这个词来描述超我对禁忌行为的惩罚。

不难想象，我们头脑中的权威到底是什么。一开始，最强大的权威当然是父母。弗洛伊德的一个最有价值的洞见是认同现象。它告诉了我们很多关于认同的信息，即我们如何内化他人身上的某些方面，从而形成我们自己的人格。我们的父母是我们首次认同的对象，也是最强大的认同对象。我们在第四章看到，解除俄狄浦斯情结的一个重要机制是认同我害怕的竞争对手，即我的同性父母。这种认同的一个重要方面在于：父母是规则的制定者和执行者。父母会在很多事情上说"你不该……"在俄狄浦斯情结中，正是我的竞争对手对我说："你不该觊觎我的伴侣。"通过认同，我内化了这些禁令，包括乱伦禁忌。一旦我内化了禁令，它们就会变成我的超我的主要方面。

作为罪行的审判者，外部权威和超我有一个重要的区别。随着我们不断努力，更多的快乐和满足进入我们的文明生活，我们就不可避免地要应对这两者的区别。外部权威和超我的区别在于：外部权威只能知道我们的行为，因此只能惩罚我们的行为。相反，存在于我们头脑中的超我不仅知道我们的行为，还知道我们的愿望、幻想和意图。超我并不会因为我们安慰自己"幻想只是幻想，我并没有实现它的想法"而平静下来。超我遵循初级过程的规则，而在初级过程中，愿望等同于行为。因此，超我不仅会惩罚我们的行为，还会惩罚我们的意图。在某些情况下，超我的惩罚可能会非常严厉，就好像我们真的实现了意图似的。

　　正如上文所说，仅仅是纯粹的想法就会让我们产生罪恶感。接下来，我们就来探讨这个问题。产生罪恶感的机制并非显而易见，但如果我们能证明弗洛伊德的观点（即想法会让我们产生罪恶感）是正确的，那么有一点是清楚的：我们的快乐和内心的平静将一直处于不稳定的状态。想象一下，你的身边全是警察，他们执法严格，只要你有一点违反法规的行为，他们就会惩罚你。这不会很有趣，但我们可以推测，你会为了避免麻烦而变得非常小心。再想象一下，上述法规不准你说出自己的想法。我们知道这将会导致民愤，但足够谨慎的人仍然可以避免犯错，从而不会引起警察的注意。现在，再想象一下，警察发明了一种X光，能读取你头脑中的想法，如果你有不该有的想法，你将会受到严厉的惩罚。如果是这样，你可能会开始计划移民。

　　如果没有禁忌行为，我们还会对一个纯粹的想法或意图产生罪恶感吗？对于某些人来说，可能偶尔会有这么几次。然而，有的人常常会对自己的想法产生有意识的罪恶感，甚至是非常强烈的罪恶感。最明显的例子是，很多虔诚的宗教人士认为某些想法是罪恶的。实际上，他们认为他们的很多想法都是罪恶的。为了摆脱这些罪恶的想法，许多宗教人士采取了极端的措施，残酷地剥夺了自己的基本需求，抑制了自己的欲望。很多圣人试图通过挨打或挨饿把罪恶的想法从自己的身体里逼出来。这样的故事比比皆是，圣方济各的故事便是其中之一：

> 假如一时的肉欲真的扰乱了他的心智，他就会在冬天跳进一个冰沟里，把自己浸在冰水中，直到逼出身体内的最后一点肉欲。的确，他的信徒都非常虔诚，纷纷效仿他的解决办法，甘愿蒙受如此巨大的屈辱。[1]

即使不想成为圣人，很多人也会偶尔因某个想法或愿望而产生有意识的罪恶感。一个人的亲属身患重病，照顾病患的重担让他喘不过气来。有一天，他突然发现自己的内心深处竟然希望他的亲人能快点死掉，这样他就能从重担中解脱出来了。一个父亲突然发现他的女儿变成了一个女人，并意识到自己对她迸发了强烈的欲望。以上两种情况都非常普遍，而且在任何一个情况中，发现自己有罪恶的想法都会带来有意识的罪恶感。然而，我们大多数人在大多数情况下都不会因为一个想法或愿望而产生罪恶感。我没有吃上我一直想吃的巧克力蛋糕；我没有和我产生欲望的人上床（纵使和他/她上床会触犯禁忌）；我抑制住了我的攻击冲动，没有向我的敌人飙脏话。在这些情境中，我很可能会感到懊悔，但我可能不会因为我的欲望而产生有意识的罪恶感。虽然我可能不会因我的欲望而产生有意识的罪恶感，但禁忌的愿望并没有被超我忽视。超我的功能在很大程度上是无意识的，而超我的强大力量依赖于无意识。如果我的超我是完全有意识的，我就能够根据我开明的成人标准，选择接受或拒绝超我的命令。如果超我警告我不要做一件我小时候不能做的事，我的成人自我就会意识到这样的禁令不再有效或与现实相关，从而拒绝超我的禁令。但我们知道无意识并不遵守这些规则。初级过程的领域中没有过去和未来。过往的禁令在今天仍然有效，并且像我小时候一样被严格执行。这是初级过程的领域，所以愿望和行为一样有罪，必须受到惩罚。精神分析理论是一个有关内部冲突的理论，有关心理的分割和自我对立。很少有比超我对自我的惩罚性攻击更生动的例子了。

我们在本章的开头看到，除了我们熟知的"吵闹的"罪恶感和"安静的"罪恶感，还有"沉默的"罪恶感。现在，我们可以看到"沉默的"罪恶感是什么以及它是如何产生的。当我的超我因为一个禁忌的愿望而惩罚我时，这一切都发生在隐藏的无意识领域，并以无意识罪恶感的形式出现。这样的罪恶感是无意识的，所以我并不会发现这是一种罪恶感，我也不知道为什么我要受到惩罚。我只知道自己心情不好，只能感受到一种隐约的不快和不满。

这非常讽刺：我越有道德感，就越有可能体会到这种"沉默的"罪恶感。弗洛伊德指出，圣人的自传中充满了对罪恶的悲叹。弗洛伊德对这种讽刺的解释是，正如每一个得到满足的冲动都会减少对相应快乐的渴望，每一个被拒绝的快乐都会增加相应的渴望。渴望增加得越多，超我的惩罚就会越严厉。弗洛伊德认为，被压抑的攻击冲动特别容易引起这种"沉默的"罪恶感。弗洛伊德后期的著作（尤其是《文明及其不满》）清楚地表明，一个"文明"的个体可以想象满足性欲如何与文明生活相兼容，但无法想象一个人的攻击冲动能够在不破坏社会的情况下得到满足。因此，攻击冲动可能会受到最严重的压抑。同时，根据弗洛伊德的推理，攻击冲动产生的"沉默的"罪恶感也是最强烈的。

小时候，每一个被克制的冲动都能安抚权威，保护我们免受罪恶感的折磨。我克制住了打妹妹的冲动，因此得到的回报是母亲的赞许和毫无罪恶感的内心。然而，一旦权威存在于我的头脑中，对我的愿望一清二楚，情况就会截然相反：每一个被克制的冲动都会增加我的罪恶感。

对于这种情况，弗洛伊德是这样描述的：

> 禁欲不再拥有完全的解放效果，美德与节制不再以爱的保证作为回报。外部不幸（失去爱和外在权威的惩罚）不再是主要威胁，取而代之的是永久的内部不幸和罪恶感导致的内在矛盾。[2]

我们人类对紧密的群体生活有着强烈的需求。然而，这种需求与我们天生的攻击性和自我满足的私欲是相抵触的。在弗洛伊德看来，解决办法似乎是良心的发展。如果良心能够将自己的职能控制在有限的范围内（而且能比以前更成功地做到这一点），仅仅限制我们对外攻击的冲动，那么良心的发展将会是一个令人满意的解决办法。但良心所做的并不限于此，它还攻击我们的想法，攻击我们无法控制的想法。弗洛伊德认为，这种说法并非适用于所有人。他认为，对于不同人来说，罪恶感攻击的频率和严重程度有很大差异。弗洛伊德声称，并不是每个人都会频繁地经历不快和不满（即无意识罪恶感的表现），但他认为，我们大多数人都会遭受罪恶感的折磨。超我会因我们无法控制的想法而攻击我们。由此，弗洛伊德得出结论：我们为了紧密的群体生活和相互依赖付出了惨痛的代价——罪恶感让我们失去了幸福。

我想用我的两个病人来阐释无意识罪恶感的破坏力。尽管有一个能意识到罪恶感，另一个不能，但他们的内心都深深地埋藏着破坏性的罪恶感。

杰瑞，就是我在上文提到的病人，他经常会因为自己没有把本该做的事做完而深受罪恶感的困扰。每当他完成了一项令他头疼的任务，马上又会迎来下一项任务。他觉得自己有一个神奇的"待办事项"清单，每次删掉一项就会增加两项。在我们这个高速发展的世界，几乎每个人都会有一种感觉，那就是待办事项在不断地增加。有些人带着苦笑接受了这一切，有些人觉得这实在烦人，但似乎有很多人，比如杰瑞，会因为有做不完的事而感到强烈的罪恶感。

杰瑞经常回忆起童年时的一段经历。他非常钦佩他的父亲，同时又很怕他。他想让父亲为他骄傲，但他常常觉得父亲看不起他。大概12岁的一天傍晚，他对父亲说："我已经把作业做完了。我能出去玩了吗？"父亲的回答在他的心中留下了一个永恒的烙印："你拿到所有的'A'了吗？"这句话的含义非常清楚：总有更多的事情要做。当然，这件事可能并不是他成年后不断产生罪恶感的唯一原因，但它象征了他从无数经历中内化的一种态度。如果他想得到父亲的赞赏，他就必须为此不断努力。可即便如此，由于要做的事情永远做不完，他根本没有希望获得父亲的认可。在他开始和我交谈之前，他的父亲早就去世了。现在是他的超我在不断地告诉他永远不能停下来，如果他没有完成任务（他常常说不出来有哪些任务），超我就会惩罚他。此外，他在对父亲的认同之下，还对父亲产生了无意识的愤怒，因为他的父亲给他带来了无法实现的目标。因此，超我不仅会因为他没有完成任务而攻击他，还会因为这种无意识的愤怒增加对他的惩罚。

金伯利来找我的时候刚刚20岁出头。她在各方面的表现都很突出，聪明伶俐，美丽动人，可以说是秀外慧中。她的问题是，从高中开始她就没有谈过恋爱，即使是高中毕业后也很少和男人约会。另外，我还觉得她看起来有点抑郁，虽然她自己没有明说。她想尽一切办法避免和男人接触，如果实在躲不开，就会拒绝他们的邀请。她不知道自己为什么会变成这样，我花了几个月的时间也找不出原因所在。直到有一天，我的一位女同事非常热情地对她说："金伯利，你真的好漂亮。"金伯利的反应引起了我的注意——她满脸通红，急匆匆地离开了房间，然后便经历了严重的惊恐发作。等到她平静下来后，我们对她进行了下一轮的治疗，开始探索这件事背后的含义。在接下来的几个月里，金伯利的童年往事逐渐显现。小时候，她的母亲非常年轻漂亮。看样子，她的母亲还不想被自己的女儿完全超越。然而，随着金伯利进入青春期，她的母亲开始清楚地看到，自己的女儿是多么美丽。显然，曾经的选美皇后已经下台，这样的想法让她的母亲患上了严重的抑郁症。在这之前，我们从来没有讨论过她母亲的竞争情绪，金伯利也从未意识到是她导致了母亲的抑郁。她对自己的美貌只有一点模糊的概念。随着治疗的逐步推进，她用尘封的记忆碎片拼凑出了这段往事。

显然，金伯利的父亲很爱他的妻子，他对金伯利也没有任何出格的行为。然而，尽管金伯利已经压抑了独占父亲的欲望，她的母亲还是把她视为俄狄浦斯情结的胜利者。不知不觉地，金伯利开始憎恨自己的美貌，并将母亲的痛苦归咎于自己。对于她来说，利用美貌来吸引男人是难以想象的。很多时候，她都会告诉自己，自己没什么好看的。很明显，她不能让自己感到真正的幸福。她认为母亲的不幸是她的错，因此，她的罪恶感剥夺了她获得幸福的权利。在这之前，你们都深入了解过俄狄浦斯情结的理论。你们一定看得出来，金伯利的罪恶感还有一个更深层次的原因。她的母亲向她发出了信号："我投降，你征服了我。"金伯利坚信，俄狄浦斯情结的胜利是自己有意为之，因此加重了胜过母亲所带来的罪恶感。

要这样折磨杰瑞和金伯利，就不能让他们知道导致罪恶感的原因，就得将原因压抑在无意识中。因此，心理治疗的目标就是为他们创造条件，让他们都能逐渐恢复相关的记忆，并在记忆之间建立相关的联系。

在第十一章中，我们将探讨治疗关系中的移情的力量，即病人与父母的早期关系如何附加在他/她与治疗师的关系上。

移情能够促进心理治疗，杰瑞的治疗过程就是一个颇为戏剧性的例子。经过几个月的治疗，杰瑞终于对我说，他无比确信我不认可他，说我觉得他并没有把自己的工作当回事，还怀疑他的薪水过高。听完他说的话，我只是表达对他的同情，告诉他，他这样的想法一定让他很难过。过了段时间，我对他说，他有充分的理由怀疑一个处于权威地位的长辈会不认可他，因为他有一个历史先例，即他的父亲。他早就学会了不去质疑权威，所以他会觉得长辈对他的不认可一定是正确的。杰瑞认为，这种逻辑很容易被孩子接受，但并非无懈可击。可不久之后，他开始考虑，他父亲可能也有自己的问题，《圣经》中也没有哪个戒条说过"你应该在醒着的每一刻努力工作，创造价值"。等到我们分别的时候，他的罪恶感已经大大减轻了。

在关键的移情现象出现之前，我和金伯利谈了很长一段时间。我们花了好几个月的时间来探讨她对男人的恐惧以及对约会的不安。在我们刚见面的时候，我仅仅是怀疑她有点抑郁，可现在，我发现她的抑郁情绪已经发展成了真正意义上的抑郁症。后来我注意到，尽管她有抑郁症，可每次来赴约时，她的妆容和衣着都会比我上一次见到的要更加漂亮。通常来说，我会很乐意和病人分享我对他们的观察，但这一次，我发现自己竟然说不出口。对此，我感到非常困惑。当我终于鼓起勇气，向她提起她的衣着和妆容时，我知道为什么我当初会说不出口了。在病人和治疗师之间的无意识交流中，我一定很清楚，这对她来说是一个非常尴尬的话题。在下一轮的治疗中，她把衣着和妆容恢复了原样，并请求我不要再提起它们。我对她说，我知道这个话题让她非常痛苦，之后我就不再谈论这个话题了。几周后，我问她对治疗和对我的感受有没有可能加深了她的抑郁。她说，她觉得有可能。她发现治疗过程让她越来越不舒服，正在考虑停止治疗。这时，我又提到了她的衣着和妆容这一禁忌话题。我对她说，她早就应该意识到她的内心其实很希望我能被她吸引，这才是合理的。我对她说，我知道她可能会觉得这种希望是一种可耻的、以自我为中心的表现，但在我看来，这是完全正常的。

多年来，我对无意识的智慧一直心怀敬意。关注无意识传递的信息常常让我能够更好地开展治疗工作。我相信，金伯利的自我探索让她突破了意识的表层。在意识的表层之下，她开始了解抑制的原理，并向我传递信息（不管有多么的模棱两可），她已经准备好进入更深的禁忌领域。作为一个尚处青春期的少女，她确实有一段时间希望她的父亲觉得她很有魅力，甚至是非常有魅力，比她的母亲更有魅力。虽然父亲一直深爱着母亲，从未表现出任何动摇的迹象，但金伯利开始相信是她自私的愿望导致了母亲的痛苦。从那以后，她就一直在惩罚自己。我无比确信，在金伯利的内心深处，智慧的无意识产生了一种愿望，让她希望我能被她吸引，并以这种方式引导我们进一步了解她和她父亲的关系。在我看来，这恰恰说明她对成长的渴望终于战胜了她的罪恶感。

过了好几个月，金伯利才得以心平气和地谈论这些主题（虽然只是泛泛而谈）。可最终，她还是战胜了她的罪恶感，她的抑郁症逐渐缓解，她也开始和男人约会了。

我在本章的开头提到，弗洛伊德认为罪恶感是我们为文明进步所付出的惨痛代价。对我们中的许多人来说，试图减少、避免或补偿罪恶感是我们生存的主要动力，同时也是巨大的能量消耗。《文明及其不满》这本书非常悲观。20多年前（即1908年），弗洛伊德曾写过一篇更为乐观的论文。[3]在该论文中，他希望我们的文明能够更加开明，从而放松对各种自我表达形式的严厉制裁（其实就是对追求快乐的严厉制裁）。可到了1930年，他在写《文明及其不满》这本书的时候，他的态度已经远没有当初那么乐观了。我们不可能找出导致弗洛伊德态度变化的所有原因，但第一次世界大战的恐怖经历无疑是一个主要因素。

然而，弗洛伊德并没有完全悲观。并不是所有人都会因为内心的想法而受到罪恶感的攻击。对于不同的人来说，罪恶感攻击的频率和严重程度有很大差异。弗洛伊德声称，并不是每个人都会频繁地经历不快和不满（即无意识罪恶感的表现）。

自1930年以来，弗洛伊德发明的疗法取得了长足的发展。同时，我们的观念也在进步，能够更好地理解如何养育子女以及创造一个更加良性的社会。我们在本章中看到，许多罪恶感带来的痛苦都可以通过治疗得到缓解。也许，在新的千年，许多父母都将学会如何抚养他们的子女，让越来越少的孩子背负沉重的罪恶感。

第九章　梦

　　女士们，先生们，有一天，我们发现某些神经症患者的病理性症状是有意义的。这一发现即精神分析疗法的基础。可在治疗过程中，除了神经症的症状，病人还会谈到自己的梦。于是我们开始怀疑，梦也是有意义的。

——西格蒙德·弗洛伊德《精神分析引论》

　　弗洛伊德认为，他于1900年出版的《梦的解析》[1]是他最重要的著作。的确，这本书蕴藏了非凡的财富，详细地介绍了俄狄浦斯情结、初级和次级过程的区别以及成人功能在婴儿时期的起源等诸多问题。然而，这本书之所以让弗洛伊德如此引以为豪，并不是因为它描述了上述的重大发现，而是因为它向全世界宣布，弗洛伊德做了前人从未做到的事（在他看来是这样）——正如书名所示，他破解了梦的密码。弗洛伊德知道，这本身就是一项重要的成就。他还相信，释梦是理解和治疗神经症的钥匙。如果治疗师不释梦，他/她就不是在做精神分析。

　　关于梦的本质，弗洛伊德的第一个重要见解是：夜晚的梦和白日梦一样，都代表了一种愿望。白日梦表现的是一个人能够承认的愿望（至少私下能够承认）。小时候，我的梦想是加入我们市的大联盟球队，成为一名棒球明星。我从来不觉得这有什么丢人的。我的朋友也有类似的梦想，我们常常彼此分享，畅所欲言。现在，我偶尔会幻想能在一个周日的早上到咖啡店看一上午的《纽约时报》——毫无罪恶感。我也不觉得这个幻想有什么可耻的。弗洛伊德从白日梦的机制中获得了相同的灵感，并推断：夜晚的梦也可能是愿望的表达。他发现，孩子的梦和白日梦一样，往往能够赤裸裸地表达他们的愿望。弗洛伊德报告称，他的女儿在因病禁食的一天后，梦见了草莓、煎蛋卷和布丁。

　　弗洛伊德发现，有时，成年人的梦也会表达非常浅显的愿望，甚至不用怎么分析就能够理解。弗洛伊德报告称，如果他晚饭吃了很咸的东西，那天晚上他就一定会被渴醒。在醒来之前，他总是会梦见自己在享受他能想到的最好喝、最解渴的饮料。然后，他就渴醒了，不得不真的喝点东西。口渴引起了喝水的愿望，而他的梦代表了愿望的实现。[2]

然而，像这样简单的梦是很少见的。有些梦的元素非常丰富，表现了无意识的非凡力量。在这些梦中，愿望往往是隐藏的。这便是弗洛伊德的另一个重要见解。他告诉我们，要揭露这些愿望，唯一的方法是鼓励做梦者对梦中的元素进行自由联想。

为什么弗洛伊德如此重视释梦，其原因并不难理解。弗洛伊德认为，所有的梦的构建方式和神经症症状形成的方式是相同的。他相信，消除神经症的症状取决于了解其症状的无意识含义，而释梦是迈向治愈神经症的重要一步，因为梦的含义将揭示神经症症状的部分含义。虽然弗洛伊德的简明体系后来被证明过于简单，但它仍然包含了对梦境世界的非凡见解。

弗洛伊德的模型

·神经症：神经症是不可接受的性愿望受到压抑的结果。这种压抑并不彻底，所以它无法保护人们免受无意识罪恶感的折磨，进而导致痛苦的神经症。被埋藏的愿望在压力下寻求表达，并在神经症的症状中找到了表达的途径。为了避免罪恶感（至少是有意识的罪恶感），没有完全受到压抑的愿望会被伪装起来，这样它就能绕过当初压抑它的审查者。因此，我们必须对症状进行解码，以揭示其无意识的含义。

·梦：被埋藏的愿望会进入梦。在睡梦中，被压抑的愿望发现审查者放松了警惕，便想要趁机实现自我表达。然而，放松并不意味着下班，一些自我的功能还是会在夜间执勤。这些自我的功能发现，不加掩饰的愿望会引起强烈的焦虑，进而唤醒睡眠者。因此，尽管不能像白天那样压抑愿望，它们还是设法对愿望进行了伪装，从而保护了睡眠者的睡眠（睡眠者通常是不会醒过来的）。

·不可接受、伪装的愿望导致了神经症问题，所以必须加以解码。产生梦的愿望可以被解码，从而揭露产生神经症症状的愿望。

现在，我们可以理解为什么弗洛伊德把释梦称为通往无意识的捷径，为什么他认为释梦是对神经症进行精神分析时不可缺少的关键环节。

然而，弗洛伊德的模型并不能完全描述神经症的精神分析理论。虽然被压抑的性愿望可能在许多生活问题中扮演了重要的角色，但它们不再被视为导致问题的唯一原因。正如我们在前几章看到的，各种各样的无意识愿望和恐惧都能产生心理问题。

梦的起源

弗洛伊德发现，梦是做梦者对前一天经历的事件的反应。与该事件（可能是一个想法或一个实际发生的一件事）相关的联想链让做梦的人在梦中产生了一个愿望，而这个愿望是做梦的人根本无法接受的，必须受到压制。当审查者在睡梦中放松警惕时，被压抑的愿望就会寻求表达。

审查者的工作

弗洛伊德把梦对事件的回忆称为梦的显化内容，而把隐藏的愿望称为内隐内容。审查者将内隐内容扭曲为明显的梦。扭曲的主要过程是浓缩和移置。下面的个案研究阐释了审查者的工作。

我的一个病人梦见他在看一群人拍电影。人们把两匹马赶到悬崖边上，想要把它们逼下悬崖摔死。尽管做梦者知道这只是一部电影，两匹马肯定不会有事，可当它们接近悬崖边缘时，他还是忍不住把头转了过去。

他的第一个联想是把"妓女"（whores）和"马"（horse）联系在一起。他想起做梦的那一天，他正好给老朋友打了个电话。许多年前，他和朋友为了赚大学学费，在一艘游轮上做"舞伴"。他们通话时，他的朋友回忆起当年的经历，说道："我们就是两个妓女，不是吗？"

他们俩都很喜欢乘船旅行，都很享受被女人追捧的感觉。我的病人回忆说，他的朋友在一次旅行中违反了最基本的原则，和一个非常性感的女乘客上了床。这让我的病人非常嫉妒——不仅仅是因为他的朋友有打破规则的勇气，最重要的是，他和别人上床的经历着实令人羡慕。

在他的梦中，两匹马显然正面临着摔死的危险（虽然不是真实的）。对此，他的联想是：

　　这两匹马看起来是遭到虐待、谋杀的受害者，但我敢肯定，它们实际上都是养尊处优的电影明星。我想，一些高级妓女也是如此。所有人都同情他们，认为他们遭到了虐待，吸毒成瘾，却又无能为力。但我想，他们中的一些人一定过得很舒服——骄奢淫逸，沉浸在性爱的世界中。

我对他说，这听起来好像他很嫉妒的样子。

　　嗯，我觉得你说得对。我真的受够了我为自己设计的中产生活。我觉得我对黑社会和"暗娼"有一种秘密的渴望。我想当个妓女，我想当个高级妓女，就像我们在船上时那样，但我不会为了赚大钱而跟乘客上床。当然，他们会给我很多钱，但最重要的回报是我可以源源不断地和别人做爱，又不用负责。中产阶级的责任让我烦透了。

　　关于这个梦，我们就先讲到这儿。像大多数梦一样，这个梦包含了很多复杂的含义，而我们只发掘了其中的一小部分。一些精神分析学家曾说（至少是比较严肃地说过），如果你完全理解了某个病人的梦，你就能理解整个精神分析理论。我承认，当我和我的病人能为梦找到一个有用的意义时，我就已经很开心了。

　　在上述梦中，产生外显内容的是病人对白天发生事件的残余记忆，即他和他朋友的通话以及他朋友对他们当妓女的评论。内隐内容是病人想要摆脱责任，找到一个性爱天堂的愿望。"妓女"移置到了"马"上。一连串的事件浓缩成了一个单一图景，即观看一个简短电影场景的拍摄。

是否所有的梦都代表了愿望，这一问题的答案仍不得而知。不过，弗洛伊德在解析了无数的梦（有的是他自己的梦，有的是他病人的梦）后，最终确信：愿望的实现是所有梦的特征。他的批评者用焦虑梦和惩罚梦来反驳他的观点。对此，弗洛伊德将超我添加到了他的理论体系中，轻易化解了惩罚梦的挑战。弗洛伊德认为，惩罚梦代表了超我愿望的实现，而超我的一个最重要的任务就是因一个不可接受的愿望惩罚它的主人。然而，焦虑梦给弗洛伊德带来的麻烦则要多得多。在《梦的解析》出版30年后，弗洛伊德仍然在对这本书进行修订，努力解决焦虑梦的问题。现在，离《梦的解析》的出版已经过去了100年，我们可以有把握地说：尽管"梦代表愿望的实现"的理论对释梦非常有帮助，但没有任何一个理论能完全描述我们丰富多彩的梦境生活。我们将在下文进一步考虑这个问题。

在我开始撰写本章的前几天，我把弗洛伊德的书籍和论文翻了个遍，想要再找一个关于梦的合适的例子，结果找了半天还是一无所获。就在我开始写作的前一天晚上，我做了一个梦。我对这个梦记得异常清楚。我几乎从来记不住自己的梦，所以这个梦一定是我的无意识给我的一个特别的礼物。

> 我梦见，我是一个足球队的队员，正在更衣室里准备进场比赛。队里有男有女，我们都穿着平时的便装。我发现女队员都是我以前的学生。突然，我意识到准备上场比赛的人肯定超过了11个。我并不负责清点人数（我只是队里的一名队员），

但我还是忍不住把这活儿给揽了下来。"难道就没有一个助理教练来管这个事儿吗？"我一边想，一边开始大声地清点人数。就在这时，米米·罗林斯开始大声地说一些随机的数字来干扰我。我很生气，对她说："你真无礼。这一点都不好笑，简直愚蠢。"我把"愚蠢"这个词说得太重了。我突然觉得自己其实没有必要这么咄咄逼人，因为米米也没犯什么大错。

醒来后，我的心中充满了喜悦和感激，因为这个梦正是我需要的。然后我便开始探索我的联想。

我上周见到了米米，她看起来很好。学生来上课之前，我都会清点一下凳子的数量，就跟我在梦中清点人数是一样的。我会先把一叠叠的凳子拆出来放好，再开始数总共有几把凳子。有时，我会对自己说，我真的觉得这不是老师该管的事，可我总是忍不住要"多管闲事"。我很后悔在读大学的时候放弃了足球，我现在觉得当初放弃踢足球是个错误。我觉得足球队里的女孩都很迷人。我在梦中骂米米的那句话改编自一句电影台词，来源于我最喜欢的电影《影子大地》。在这部电影中，德博拉·温格扮演的角色在痛骂性别歧视的傻瓜时说了这么一句话："你是想显得很无礼吗？还是说，你只是个愚蠢的傻瓜？"米米·罗林斯让我想起了歌剧《波西米亚人》中的米米。我想起了我的朋友比尔和萨拉。那时候，比尔很喜欢听歌剧和歌剧唱片，他们俩都很崇拜帕瓦罗蒂。比尔和萨拉就像我的父母，他们给我吃的，照顾我，给了我很多爱。我喜欢住在他们家。萨拉死后，一切都变了。我没了"母亲"，我的生活环境也变了，所以我很少再去比尔和萨拉所在的城市。

我的解释：

我暂时只提供一种可能的解释。关于这个梦和与之相关的联想，我想了很长一段时间。我认为这个梦揭示了一种强烈的无意识渴望——渴望被照顾，渴望变成一个依赖他人的孩子。在我有意识、醒着的生活中，我总是忍不住想要担起责任、照顾别人。这个梦表明，我对扮演这样的角色感到非常愤怒。我的父亲在我13岁的时候就去世了，我的母亲悲痛欲绝，抛弃了我，留我一人独自生活了好几年。等到她再次出现在我的面前时，我发现我更想和她上床，而不是得到她的关爱和照顾。我早就知道这样的欲望会带来严重的心理问题，但我仅仅是知道而已——我还是无法克制我对她的渴望。在我解析这个梦的时候，我惊讶地发现，失去至爱竟然给我留下了如此强烈的渴望，我对自己被抛弃的事实竟然产生了如此强烈的愤怒。

梦的象征

弗洛伊德从一开始就对梦的象征产生了强烈的兴趣。例如，梦中的国王和王后代表做梦者的父母，而王子或公主代表做梦者本人。弗洛伊德坚信，我们能可靠地阐释梦中的符号（特别是性符号），从而揭示梦的内隐内容。同时，弗洛伊德也意识到了其中的风险：符号阐释会将阐释者置于一个危险的境地，即阐释者很可能会把自己的幻想强加于做梦者。相比之下，做梦者的自由联想所产生的解释似乎更值得信赖。尽管如此，弗洛伊德依旧相信，尽管符号阐释有一定的风险，但释梦的最有效方法还是将做梦者的自由联想与阐释者对普遍符号的知识结合起来。

《梦的解析》的第一版很少提到象征，而在第二、第三版中，弗洛伊德对象征给予了更多的关注。关于象征的问题，弗洛伊德刻苦钻研，倾注了大量的精力。等到第四版的时候，书中已经有一整个章节都是关于梦的象征了。弗洛伊德的写作揭示了一种矛盾心理。一方面，他担心精神分析会被视为玄学，所以他非常不愿意让别人觉得他在写一本新的"解梦宝典"。弗洛伊德的时代和我们的时代一样，有很多关于解梦的书籍。读者可以从这些书中学会如何解梦，从而获得一些具体的建议。这些建议可能关乎爱情、生意或现实生活中的任何事情（包括对某项投资结果的具体预测），而所有的这一切都是通过翻译某些符号来完成的。例如，有的书上说，梦见一封信意味着麻烦，而葬礼意味着婚约。如果梦中同时包含一封信和一个葬礼，做梦者就会根据书中的指示，将两个元素结合起来，从而预见某人的婚约会出现麻烦。在美国的一些亚文化中，这样的书籍依然非常普遍。尽管这些书籍像19世纪的书籍一样会提供一些生活上的建议，但它们常常也会为赌徒出谋划策。至少从弗洛伊德的时代开始，大多数受过教育的人（当然，还有所有的科学家）都把这些书看作是迷信和无稽之谈。

另一方面，弗洛伊德急于避免任何不科学的东西，以免让别人觉得他在写另一本邪书。然而，随着他对梦、民间传说、流行语和笑话中的符号研究得越多，他就越相信把意义（特别是性的意义）附加到梦的符号上是完全合理的。细长的物体代表阴茎，中空的容器代表女性的性生殖系统，而爬上楼梯、梯子代表性交。

弗洛伊德声称，"向上爬"代表性交的原理并不难理解。他指出，在"向上爬"的过程中，我们通过一系列有节奏的动作到达顶部，呼吸会变得越来越急促。然后，经过几次快速的跳跃，我们又再次回到底部。性交的节奏模式在爬上楼梯的过程中得以再现。[3]

至此，释梦不仅包括对做梦者联想的细致关注，还包括精神分析师对梦的符号的谨慎阐释。"谨慎"意味着，即使符号看起来具有普遍意义，注意符号出现的语境仍然非常重要。

为了更好地说明什么是梦的符号，我在写完本章的第一部分后便开始搜索有关象征的例子，但并没有找到一个满意的范例。结果，我的无意识又帮了我一次。我又做了一个梦，大致与莫扎特的著名歌剧《魔笛》中的角色有关。在《魔笛》中，萨拉斯特罗是一个典型的好父亲。他让男主人公塔米诺和女主人公帕米娜经受了危险的入教考验，但他这么做的目的只是想让他们接替他成为"光明之国"的领袖。当塔米诺和帕米娜经受考验时，萨拉斯特罗允许塔米诺吹奏他的护身魔笛。萨拉斯特罗的咏叹调有关他对宽恕和拒绝复仇的承诺。

　　我的梦：我走在河边的田野上。这时，一个男人向我走了过来，想让我帮他修理一个由各种金属制成的复杂装置。我开始动手拆零件，把固定它们的螺钉都取了出来（我希望在拼回去的时候还能记得它们原来的位置）。我把大部分的装置都拆了出来，但有一块铁制的部件特别难拆，必须用一种特殊的方式移动一个零件，才能卸下另一个。拆着拆着，我突然意识到我们是在帮萨拉斯特罗拆魔笛。我看到了他那圆锥帽形的旗帜就在我们附近。我停下了手中的活儿，朝着旗帜的方向侧耳倾听，希望能听到萨拉斯特罗那雄浑的咏叹调。我意识到，在我小的时候，萨拉斯特罗曾带我穿过这附近的田野。终于，我把剩下的部件拆了出来，所有的零件都散落一地。我醒了。

联想：魔笛这一符号代表的不是普通的阴茎，而是一个强大的阴茎。摆弄难以拆卸的零件代表手淫。我相信，这个魔笛是由萨拉斯特罗在一场暴风雨中用森林里的一棵树制成的。萨拉斯特罗是一位伟大的父亲，把帕米娜当作亲生女儿一样抚养。同时，他又是一位心怀大爱、胸襟豁达的领袖。他不计前嫌，心甘情愿地把他的魔笛（相当于阴茎）交给塔米诺，并保护帕米娜不受她邪恶母亲的伤害。我的父亲去世后，我和母亲之间没有了任何屏障，这给幼小的我带来了极度的恐惧。我把自己锁在房间里，以免歇斯底里的母亲会伤害我。表面上，我在有意识地回避她的歇斯底里，但我确信，在我的无意识中，我想要回避的其实是俄狄浦斯情结对象（即我的母亲）的突然接近。我常常觉得我的母亲很邪恶、很危险。我喜欢别人找我帮忙，因为这样我就能担起责任了。我肯定，我这么做是为了减轻罪恶感，也许是为了减轻羞耻感。我还记得，有一次我在开车，正因一件烦心事而沮丧。突然，一个司机拦住了我，想要问路。我给他指了路后，我的心情一下子就变好了。

和所有的梦一样，这个梦也有很多含义。以下是一种解释。

我渴望有一个父亲能支持（而不是反对）我的性行为，即童年时期的手淫和成年后的异性恋取向。我渴望有一个人能热情地鼓励我继承他的阳具力量，能真心实意地原谅我在俄狄浦斯情结时期的竞争、敌意以及最终的（同时也是痛苦的）胜利。我渴望有一个人能保护我不受那危险却又迷人的母亲的伤害。也许，如果我乐于助人，他会更愿意原谅我，支持我。

为什么弗洛伊德认为释梦是治疗神经症的一个至关重要的工具，其原因并不难理解。神经症是由无意识的冲突引起的。如何发现这种冲突并向患者揭示这种冲突呢？虽然病人对梦以外的事物的自由联想也可能揭示大部分的冲突，但在弗洛伊德看来，揭示无意识的冲突只有一种确定的方法，即通往无意识的"捷径"——释梦。

释梦的现状

如今，离《梦的解析》的出版已经过去了一个世纪，精神分析和释梦之间的关系也发生了巨大的变化。许多精神分析学家不再认为释梦是他们工作的核心部分。精神分析学家保罗·利普曼写道，除了荣格的追随者继续强调释梦，精神分析学家对释梦的热爱似乎已经结束了。[4]利普曼认为，发生这样的变化是由于理论的转变。例如，精神分析学家越来越不强调揭示无意识的重要性（这着实令人惊讶）。这种对无意识的淡化与心理治疗的发展趋势有关，即心理治疗不断向一种关系疗法靠近。在关系疗法中，审视治疗师和病人之间的关系不是为了揭示无意识，而是为了取代这样的揭示。

利普曼认为，精神分析师抛弃释梦还有另一个原因。他说，精神分析师对释梦一直抱有一种矛盾心理。他指出，弗洛伊德教我们释梦，意味着我们必须智胜梦中的审查者，解决梦中的各种谜题。然而，获胜的往往是审查者。精神分析者常常会被搞得晕头转向而不得不退缩，甚至还会想办法责怪做梦者。最终，精神分析师可能会觉得自己能力不足而感到尴尬不已。现在，精神分析师有了一个很好的理由从释梦的负担中解脱出来，这让他们感到如释重负。利普曼表示，这样的转变并不奇怪。

利普曼还补充了一个有趣的推测。在我们生活的时代，我们的文化正从自然世界转向虚拟世界。比起 "内部的屏幕"，我们似乎对"外部的屏幕"更感兴趣。可以说，梦是一个人最为内在的东西，所以心理动力学派的治疗师抛弃释梦也可能是电子世界范围扩大的表现。

我相信，许多奉行深度疗法的治疗师并不会认为抛弃释梦意味着对病人的无意识过程失去兴趣。尽管一些关系学派的治疗师不再强调揭示病人无意识的重要性，但并非所有人都是如此。关系疗法的教父默顿·吉尔[5]和自体心理学学派的创始人海因茨·科胡特[6]都坚定地认为，病人在生活中的问题都有早期关系的根源，而揭示这些隐藏的根源是至关重要的。在现代，许多追随他们的治疗师仍然坚守着相同的信念。

弗洛伊德一直坚信，梦是通向无意识的捷径。看到释梦从主流的临床实践中消失，他肯定会感到非常痛心。但事实证明，梦绝不是通向无意识的唯一捷径，甚至可能都不是最可靠的路径。通过关注病人的历史细节、微妙的生活模式以及他们与治疗师建立关系的方式，我们同样可以充分地了解病人的无意识过程。

　　然而，心理动力学派的治疗师在放弃释梦的同时，可能还放弃了梦的其他价值。对梦的思考使我们的生活和临床工作变得更加丰富。正如利普曼所说，精神分析师产生了一种误解，即认为如果精神分析师要显得很有能力，他们就必须迅速地理解梦的隐藏含义。这着实令人惋惜，因为这样的误解很快让做梦者和听者远离了梦本身——考虑一个更加外显的表象显然会轻松很多。在上文描述的第一个梦中，我可以花更多的时间来探索足球比赛和我后悔在大学放弃了足球的意义。我可以探索自己在一群美女身边工作的感受。当然，我对《影子大地》中的台词的喜爱似乎也能产生丰富的含义。毫无疑问，我从该梦中得到的解释揭示了关于梦的很多有用的东西，但在挖掘梦的财富的旅途中，这可能仅仅是一个开始。

　　除了荣格派的实践，释梦可能不再会占据深度心理治疗的中心位置。对于荣格派来说，通往无意识的捷径不仅仅通向病人的个体无意识。他们认为，我们都有一个普遍的"集体无意识"，而梦的符号是证明集体无意识的某些方面正在影响病人的必要线索。[7]

　　尽管许多非荣格派的治疗师不再释梦，但在不同的学派中，总会有一些治疗师仍然对梦着迷并看到释梦的成效。也许梦不是通往无意识的捷径（至少不是唯一的途径），但它仍然蕴藏着巨大的财富。当我们探索一个梦（我们自己的梦或病人的梦）时，如果我们不把梦看作一个难以破解的密码，而是把它看作一种个人诗意的强烈表达；如果我们能够怡然自得，不刻意地寻找意义，那么梦就可以变得颇具启发性，从而丰富我们的生活和临床工作。

第十章　悲痛与哀悼

　　我的朋友！不要把帽子拉下来遮住你的额头。把悲伤都说出来吧。无言的悲痛会在内心的深处低语，将早已不堪重负的心撕成碎片。

——莎士比亚《麦克白》

1917年，弗洛伊德发表了一篇题为《哀悼与忧郁》[1]的短文。在这篇论文中，他首次从精神分析的角度对丧失、哀伤和哀悼进行了探索。弗洛伊德的精神分析思想大大增进了我们对人类痛苦的理解，而他对上述现象的探索是精神分析思想最重要的贡献。自从弗洛伊德的奠基论文发表以来，心理动力学派的治疗师将他的探索不断推进。至此，悲痛和哀悼已经成为治疗师理解最透彻、探讨最全面的问题。这不仅关系到治疗师，还与我们所有人息息相关。

《哀悼与忧郁》探讨的某些方面与我们息息相关：如果某些人对我们非常重要，我们就会在他们身上以及我们与他们的关系中投入大量的心理能量（力比多）。我们不仅会将这种能量投入到他们本人身上，还会投入到与这些关系相关的所有重要的记忆和联想中。关系越重要，我们投入的心理能量就越多。想一想父母对孩子的情感投入，我们就能清楚地理解这一点。如果孩子夭折或以其他方式失去，父母在孩子身上投入的所有能量将会变得无处可归。失去孩子的父母将会感到极度的痛苦，并对孩子产生强烈（却又徒劳）的思念。丧失重要的人通常会让人们对世界和他人失去大部分的兴趣。对他们来说，经营一段关系或建立一段新的关系是难以想象的。他们悲痛欲绝；丧失的关系越重要，他们的悲伤就越强烈。

现在，哀悼开始了。弗洛伊德声称，哀悼的过程是极其痛苦的，失去至亲的人往往需要艰难地从所有与逝者有关的重要记忆和联想中撤回心理能量。随着哀悼的进行，他们的痛苦逐渐减少。当哀悼完成时，他们将再次充满能量，从而重新与世界建立联系，将能量投入到其他关系中。

在这个问题上，弗洛伊德的《哀悼与忧郁》中有一段话值得引用：

> 那么，哀悼有什么作用呢？我并不觉得以下说法有什么牵强的：现实检验表明，所爱的对象已不复存在，进而要求人们从对该对象的依恋中撤回所有的力比多。这一要求自然会遭到反对——一般观察表明，人们在某一对象上投入力比多后，从来不会主动放弃这一对象，就算有替代品向他们招手，他们也不会撤回力比多。有时，这种反对会变得非常强烈，以至于人们会背离现实，通过幻想来保持对原有对象的依恋。通常来说，如果要继续生存，就必须尊重现实。然而，人们不可能马上听从现实的命令。相反，现实的命令是在耗费大量时间和心理能量的情况下一点一点得以执行的，也正是在这一过程中，丧失对象在心理上才得以长存。每一个与丧失对象（即被投入力比多的原有对象）有关的记忆和期望都被唤起，并被倾注了大量的力比多。这样看来，力比多就从原有对象身上分离出来了……当哀悼完成时，自我将重获自由，不再受到抑制。[2]

我们将在后文中看到，弗洛伊德写完这篇论文后，不久便对他的理论做出了重要修改。

在第七章中，我们讨论了"对丧失对象的内投"。弗洛伊德在这篇论文中引入了"对丧失对象的内投"这一概念。他认为，人们在经历丧失的痛苦后会患上忧郁症（即抑郁症），而"对丧失对象的内投"有时是该忧郁症的一种表现形式。在弗洛伊德看来，所谓"对丧失对象的内投"指的是：患上忧郁症的人在无意识中相信逝者成为了他/她的一部分，并在行为举止中表现出来。"对丧失对象的内投"极有可能发生在一段高度矛盾、爱恨参半的关系中。在这种情况下，丧亲者会进行痛苦的自我谴责。弗洛伊德声称，尽管丧亲者进行的是自我谴责，但他认为，丧亲者谴责的对象实际上是逝者，而不是自己。弗洛伊德有一句话令人印象深刻："丧失对象给自我蒙上了一层阴影。"弗洛伊德认为，正是通过"对丧失对象的内投"，丧亲者才得以暂时逃避失去至亲的痛苦，也正是通过"对丧失对象的内投"，丧亲者才抓住了最后一根稻草，得以表达他们矛盾情感中愤怒的一面。

　　我的病人斯科特是一位年轻的父亲，他的妻子在一场事故中不幸身亡。当他在我的诊室里为妻子哀悼时，他开始产生一种强烈的罪恶感。一开始，他只知道自己有罪恶感，但并不知道自己为什么会有罪恶感。不久后，他突然意识到了他之所以产生强烈的罪恶感，是因为他抛弃了自己6岁的儿子。他非常自责，认为自己过于沉湎悲痛，以致于在感情上疏远了儿子。

　　过了一段时间，我开始觉得不对劲。斯科特在描述他们父子俩的生活时，我并没有发现有任何证据表明他对儿子关爱不够。我小心翼翼地问他有没有可能会因为妻子抛弃了他们父子俩而生她的气。一开始，他的情绪非常激动，驳斥了我的观点。他说，那场事故根本不怪他的妻子，她的死就是个意外。我对他说，伴随悲伤的情感并不总是合理的。他失去了挚爱的妻子，感到悲痛万分，但伴随悲痛的还有其他情感——他很有可能会因为妻子抛弃了他们父子俩而感到愤怒，这是完全可以理解的。最终，他开始探索这种可能性。这时，他的罪恶感消失了。他接纳了自己对妻子的真实情感，开始了真正的哀悼。

弗洛伊德在《哀悼与忧郁》中的观点表明，"对丧失对象的内投"只发生在病理性的悲伤反应中。他还说，成功的哀悼需要丧亲者从逝者的表象中撤回爱的能量。如果丧亲者总是依恋逝者的内部表象，这种依恋将会阻碍丧亲者将能量投入到新的关系中。看样子，失败的哀悼过程的一个可能结果就是对逝者的依恋。然而，写完《哀悼与忧郁》五年后，弗洛伊德改变了他的想法。在《自我与本我》[3]一书中，他写道，"对丧失对象的内投"远非病态，很可能是一种普遍现象。"对丧失对象的内投"可能是放下丧失对象的唯一途径，也可能是性格形成的重要过程。哈佛大学的心理学家约翰·贝克[4]对当代丧亲主题的精神分析文献进行了综述。他发现，正如弗洛伊德在后来的论文中所说，当代学者普遍认为成功的哀悼常常会让丧亲者对逝者保有一些良性的内部表象。这些内部表象可能会表现为慰藉性的记忆或幻想。贝克说，"良性"意味着丧亲者并不会感到被鬼魂纠缠或附身，而是可以在合适的时候回想起逝者的表象。在某种程度上，成功的哀悼意味着逝者的持久表象不会限制丧亲者使用力比多来建立新的关系。

斯科特的案例让我收获颇丰，尤其是临床上的经验，也正是这样的临床经验让弗洛伊德修正了他的"对丧失对象的内投"理论。最初，弗洛伊德认为只有在异常矛盾的关系中，丧失对象才会给自我蒙上阴影。在某种程度上，所有的关系都是两面的，斯科特和他妻子的关系可能也不例外。然而，凭借我对斯科特的了解，我并不认为他和妻子的关系有任何异常，即斯科特在对妻子的深爱之下埋藏着异常强烈的愤怒。我从我的病人（包括斯科特）身上学到了不仅"对丧失对象的内投"非常普遍，而且在任何一段丧失关系中，对逝者的无意识愤怒都可以伪装成罪恶感。现在，大多数心理动力学派的治疗师，包括弗洛伊德的追随者都开始相信，"对丧失对象的内投"并不是罕见、病态的现象，也并不总会产生罪恶感。"对丧失对象的内投"也许是在失去重要的人后用来减轻痛苦的一种常见，甚至是普遍的方式。除了弗洛伊德在上文中描述的样子，"对丧失对象的内投"还有多种表现形式。

> 我有一个朋友就读于他父亲当年所在的大学。他跟他父亲一样，获得学位时只读了很少的书，尤其是文学。之后，他得到了一份与商业相关的工作。他毕业后不久，他的母亲就去世了。让我们所有人感到惊讶的是，母亲刚过世，他就立马注册

了文学博士项目，开始刻苦钻研狄更斯和莎士比亚的作品。他的母亲生前酷爱文学，尤其喜欢这两位作家。显然，他并没有意识到，他突然对文学研究的全情投入与他母亲的死有关。

我还有一个朋友，他在亲戚去德国的前一天晚上让亲戚给他带一台禄来福来相机。可他并不喜欢摄影，所以大家听到他的请求后都非常吃惊。他的亲戚给他带了相机，但据我所知，他从未用相机拍过照片。多年后，我的朋友去日本度假，花了好多钱买了一台尼康相机回来。他向我解释说，去日本不买尼康相机会很可惜，因为日本的尼康相机比其他地方都要便宜。可我觉得他根本没用那台相机拍多少照片。现在，那台尼康相机积满了灰尘，已经放在壁橱的架子上好多年了。就在他的亲戚去德国之前，我的朋友和他的第一任妻子离婚了。你可能已经猜到了，他的妻子是一名摄影师，酷爱摄影，有一台禄来福来相机。最近，他刚与第二任妻子分居。从某种程度上，我的朋友去日本度假也是为了从分居的痛苦中走出来。他的第二任妻子也是一名摄影师，用的相机就是尼康。就像上文中研究莎士比亚的朋友一样，我的这位朋友对两台相机产生了莫名其妙的渴望，也并没有意识到这种渴望与他失去的两任妻子有关。

在第四章中，我们看到弗洛伊德描述了这样一个例子：一个年轻女子认为母亲怀孕意味着自己失去了父亲。她对失去父亲的反应是内投父亲身上的某些方面，而她选择内投的方面正是父亲对女性的性趣，从而加强了她的同性恋倾向。

在《哀悼与忧郁》中，弗洛伊德没有讨论不完全哀悼的影响，但这一话题并没有被弗洛伊德的追随者忽略。在这些追随者中，最有影响力的当属波士顿精神分析学家埃里克·林德曼。林德曼一直对悲伤反应很感兴趣。就在1943年的一个周六的晚上，在一场大型足球比赛之后，拥挤的椰林夜总会突发火灾。可怕的火灾把椰林夜总会夷为平地，造成近500人死亡。一夜之间，林德曼的医院顿时人满为患，挤满了死者、奄奄一息的伤者和罹难者的家属。火灾发生后，林德曼和他精神科的同事突然面临一大批丧亲者需要帮助的局面。这样的经历让他写了一篇非常有影响力的论文，即《急性悲痛的症状学与处理》[5]。

林德曼的主要观点是：如果某人想要从极度的悲痛中解脱出来，恢复正常的生活自理能力，他/她就必须完成哀悼过程，并完全接受失去至亲的现实及其含义。对逝者不进行哀悼或不完全的哀悼可能会导致丧亲者抑郁、消极避世、对生活失去兴趣，甚至出现溃疡性结肠炎等生理疾病。

正如弗洛伊德所说，哀悼是极其痛苦的事情。许多丧亲者的直觉反应是尽量减少痛苦或完全避免痛苦。丧亲者的朋友和家人常常通力合作，通过分散丧亲者的注意力来帮助他们避免痛苦。"现在，不要再提起她了，你只会哭得更厉害。"丧亲者的家人朋友常常会这样说。

当一个病人莫名其妙地产生了抑郁或自闭的情绪，或是患上了难以治愈的心身疾病，大多数治疗师都会温和地探索病人的过去，寻找对逝者没有充分哀悼的缺失。一旦发现了这样的缺失，治疗师就会鼓励和支持病人进行哀悼。对于治疗师来说，这是他们的职责，也是治疗的重要部分。

英国精神分析学家考林·默里·帕克斯[6]对悲痛和哀伤进行了广泛的研究。他的研究有力地支持了林德曼的观点，即丧亲者必须对逝者表示充分的哀悼才能从悲痛中解脱出来，从而恢复自理能力，继续生活。帕克斯指出，我们的社会（欧洲和美国）并没有将哀悼仪式化，为其提供宗教和制度上的机会，从而给我们带来了严重的问题。这一观点获得了人类学家戈尔[7]和勃艮第的赞同。他们发现，在北欧和美国的大部分地区，人们普遍认为过多地对逝者表示哀悼是不合适的。帕克斯认为，这样的观念导致了一个严重后果：在我们的社会中，丧亲者的境况要比那些将悼念仪式化并鼓励对逝者进行哀悼的社会中的人糟糕得多。例如，西印度群岛上有一个基督教教派叫"精神浸信会"。这一教派支持丧亲者举行哀悼仪式，主要表现为团体祈祷和禁食。调查人员报告称，丧亲者在进行了这样的仪式后，痛苦明显减轻。

戈尔在他的调查中发现，在英国，所有人都有可能会在苦难和孤独的危机中受到伤害，但当代英国的社会结构几乎没有给人们提供任何帮助或指导。戈尔指出，造成该问题的一个原因正是宗教信仰和仪式的落寞。帕克斯赞同戈尔的观点。帕克斯报告称，在他的研究中，英国的寡妇为了避免丧夫的悲痛，不参加其丈夫的正式的哀悼仪式。同时他也怀疑，即使在一个期望用仪式来表达悲痛的社会中，相同的情况也可能会发生。[8]

在巴哈马的新普罗维登斯岛上，一群刚失去丈夫的寡妇比伦敦的寡妇更健康，心理问题也更少。研究者勃艮第认为，正是因为新普罗维登斯岛的文化期待、鼓励以外显的方式表达悲伤，[9]新普罗维登斯岛上的寡妇才会拥有更好的身心健康。除了勃艮第的研究，还有一项研究比较的是苏格兰和斯威士兰妇女对丧夫的反应。该研究发现，斯威士兰社会支持哀悼的仪式化，所以斯威士兰妇女会广泛参与哀悼仪式。虽然她们在丧夫后比苏格兰妇女表现出更多的痛苦，但在一年后，她们比苏格兰的寡妇更少受到罪恶感的困扰。[10]

从弗洛伊德开始，许多研究悲痛的学者都说，大多数丧亲者必须经历充分哀悼才能把自己从悲痛中解脱出来。这意味着丧亲者必须：

· 允许自己哭泣

· 愿意毫无保留地谈论丧亲、丧亲的痛苦以及丧亲对他们今后生活的意义

· 愿意谈论逝者以及自己与逝者的共同经历

· 被鼓励谈论他们对逝者的愤怒

· 被鼓励自由地表达他们对逝者的任何罪恶感，包括没有竭尽全力来拯救逝者的负罪感

· 在以上方面得到理解和支持

帕克斯在这些建议的基础上又补充了一条注意事项，大概的意

思是："是的，但不要太快。"他的观察表明，在丧亲后最初的几个小时甚至几天，丧亲者并未准备好面对哀悼的痛苦者，尚需他人的支持和安慰。因此，帕克斯认为人们举行葬礼往往过早。他说，一定要让丧亲者慢慢地接近痛苦（但最终他们还是得完全直面痛苦）。帕克斯的数据有力地支持了林德曼和其他学者的观点，即不完全哀悼会导致丧亲后的不充分恢复。这些精神分析师教导我们，"别再想她了，你只会哭得更厉害"这种话并不会帮到我们自己或我们的朋友。这是精神分析理论的一项重大贡献。

第十一章　移情

　　移情是精神分析的核心，是弗洛伊德的一个最重要、最具创造性的发现。移情这一概念具有极强的解释力，它揭示了无意识的本质，即过去隐藏于现在，也揭示了连续性的本质，即现在与过去连续统一，不可分割。

——E.A. 施瓦伯《心理治疗中的移情》

弗洛伊德的首位合作者是精神病医生约瑟夫·布洛伊尔。当时，他正在治疗一位名叫伯莎·帕彭海姆的年轻女性。布洛伊尔和弗洛伊德在他们合作出版的书中描述了该病例[1]，并使用了伯莎的化名——安娜·欧。伯莎是一名漂亮、聪明的年轻女性，饱受神经症的痛苦折磨：一只胳膊硬瘫，患有严重的神经性咳嗽，喝不下水，周期性地产生可怕的幻觉，伴有言语障碍。事实上，这位以德语为母语的病人有段时间只会说英语。伯莎的症状是在她父亲病危的时候出现的。她很爱她的父亲，她把所有的时间和精力都投入到了对父亲的照顾中，直到她的症状变得越来越严重，她才不得不停止。

这个病例让布洛伊尔无比着迷。他向弗洛伊德描述了这个病例及其治疗方案。在后续的治疗中，只要有任何进展，他都会告知弗洛伊德。布洛伊尔几乎每天都能见到伯莎，常常是在她的卧室里。布洛伊尔和伯莎共同设计了一套治疗方案，其中的一个治疗方法是：布洛伊尔催眠伯莎，并暗示她说话。一开始，布洛伊尔只是让伯莎在幻觉状态下喃喃自语。随着治疗的推进，他便让她自由地说出她脑子里出现的任何想法。伯莎将这样的治疗方法戏称为"扫烟囱法"。布洛伊尔不断地对弗洛伊德说，这个女人是多么聪明，多么有趣。听到这样的描述，弗洛伊德开始意识到，布洛伊尔对伯莎本人的着迷并不亚于对该病例的着迷。

有一天，伯莎告诉布洛伊尔，她怀了他的孩子。毫无疑问，布洛伊尔和伯莎的医患关系是绝对符合伦理的。对此，弗洛伊德深信不疑。事实上，弗洛伊德和布洛伊尔一样，都坚定地认为伯莎是处女。事实证明，怀孕完全是伯莎想象出来的。布洛伊尔的反应是立即停止治疗，并离开小镇，和他的妻子度了第二次蜜月。

当弗洛伊德思考伯莎的这种转变时，他意识到，俊男靓女互相吸引根本不是什么新鲜事儿。真正让他觉得不可思议的是，伯莎竟然确信自己怀了布洛伊尔的孩子，而且即将生下他们的宝宝。

布洛伊尔和伯莎建立的关系在他们的内心深处激起了强烈的情感和渴望，而这些情感和渴望，他们都没有完全意识到。这是弗洛伊德的第一个暗示，即心理治疗关系可以在病人和治疗师的内心激起极其强烈的情感，且其中的一部分（也许大部分）情感是无意识的。弗洛伊德还发现，病人看待治疗师和医患关系的视角有时会被无意识的力量扭曲。后来，弗洛伊德开始对治疗师产生兴趣，认为治疗师的身上也会产生相似的强烈情感和视角扭曲。当然，最初弗洛伊德的注意力还是集中在病人身上。

这些发生在弗洛伊德的病人和同事身上的现象让弗洛伊德陷入了沉思。弗洛伊德推断，这些现象的背后有两种无意识力量在发挥作用。第一种力量，弗洛伊德称为"模板"的持续影响。所谓"模板"，弗洛伊德指的是：我们与外界的早期关系在我们的头脑中形成了模板，而我们会用该模板来适应以后的所有关系。如果我觉得我的父亲是个严厉、苛刻的人，那么在我内心的某个地方，我会预期所有年长的男性权威都是严厉、苛刻的。如果模板的影响足够强烈广泛，我甚至会预期所有的男人（甚至是所有人）都跟我的父亲一样。同样，如果我觉得我的父亲是一个体贴、善于鼓励的人，我就会预期我碰到的所有男性权威身上都有这样的特质。

第二种力量，我们已经在前几章中见过了，即强迫性重复，人们总是想要重复过去的创伤情境或创伤关系，这是一个奇怪却又极为普遍的现象。病人开始治疗后，父亲的模板会让他们认为治疗师也是一个严厉、苛刻的人。接着，强迫性重复可能会让他们故意做出激怒治疗师的行为来确认他们的期望。在治疗过程中，病人对父母的态度和期望"转移"到了治疗师身上。弗洛伊德把病人的这种倾向称为"移情"。这是他关于无意识的一个最非凡的见解。

"移情"的重要性并不仅仅取决于它对治疗师的价值。很快，弗洛伊德意识到，我们对周围人的持续预期就像我们想要重演早期情境的强迫性重复那样，不仅仅会发生在治疗情境下，而是无处不在地发生在我们所有的关系中。在下文中，我们将探讨这种无处不在的移情现象，以及移情如何在治疗情境之内/外发挥作用，如何为我们所有人提供一个独特的工具来加深自我理解，如何解释心理动力学理论的持续生命力。

弗洛伊德发现，移情可以有多种表现形式。例如，病人可以将治疗师视作严厉的父亲、体贴的母亲，也可以将治疗师视作争宠的兄弟姐妹。

> 我的病人贝弗利总是不信任我。她不相信我会按时赴约，不相信我会保护她的隐私。我说我能理解她的感受，她却怀疑我在说谎。一般来说，所有治疗师都必须取得每位病人的信任，但贝弗利这样的病例似乎已经超出了一般的范畴。渐渐地，我开始了解到：一开始是她的父亲让她产生了强烈的不信任感，然后她再把不信任感转移到了我的身上。贝弗利的父亲十分靠不住，他会答应带贝弗利出门，然后又说话不算话；他会当着贝弗利朋友的面说一些家里的私事；他答应要供贝弗利上大学，然后又明目张胆地食言。

弗洛伊德认为，移情可以分为三类：[2]

- 正移情，即病人对治疗师的主要情感是爱慕和信任
- 负移情，主要由敌意和怀疑构成
- 未中和的情欲性移情，即病人总是想要和分析师进行亲密的性接触

弗洛伊德认为，正移情是"无可非议"的。没有正移情，患者就无法与治疗师建立信任，无法在痛苦、艰难的治疗过程中感受到来自治疗师的鼓励和支持。没有正移情，治疗工作就无法开展。弗洛伊德建议，治疗师最好不要干预病人的正移情。相反，你应该心存感激，因为正移情使你的治疗工作成为可能。我曾对我的第二个分析师说我爱她，结果她一句话也没有说。那时候，人们会认为她的应对方法非常高明，因为她遵循了弗洛伊德的训诫，即不要去干预病人的正移情。

负移情就不一样了。弗洛伊德声称，治疗师必须解释病人的负移情，否则病人的敌意和怀疑会让治疗师的工作成为不可能。我曾对我的第一个分析师说，我觉得他是一个无能的蠢货。当时，他对我说，我其实是在无意识地生我父亲的气。无论他的水平有多么蹩脚，人们还是会认为他的技术十分高超。当然，我们很快就会看到，现代分析师的应对方法会大不相同。

弗洛伊德告诫称，情欲性移情可能会给精神分析师和病人带来巨大的麻烦。对于病人来说，意识到自己对分析师产生了情欲是很

正常的。通常来说，这样的情欲只是正移情的一个温和的方面，并不会给治疗造成困难。传统的解释认为，病人的情欲与负移情一样，并不是"真的"与分析师有关，而是与病人的父母有关。然而，如果病人的情欲持续存在，如果分析师的解释不能将病人的情欲转化为有用的分析探索，那么病人的情欲很可能会中止精神分析的进程。在真实的治疗情境中，病人会对分析师说，"我对精神分析没兴趣了；我只想和你有亲密的身体接触"。弗洛伊德认为，如果病人的情欲持续存在，分析师就只能将病人转介给另一位治疗师（即使分析师尽了最大努力，想要将病人的情欲转化为可分析的材料）。

在弗洛伊德的理论中，所有积极的情感都是力比多能量的表达，而所有消极的情感都是破坏性能量的表达。自我面临的一个任务是"中和"原始的力比多能量，使其为我们创造价值，进而被社会接受。中和力比多能量意味着将原始的力比多转化为爱慕、尊重和柔情等情绪。中和破坏性能量意味着将破坏性能量转化为有用的冲动，如竞争、自信、游戏性侵略等。充分地中和力比多能量是成功生活的心理基础。持续存在、破坏精神分析进程的情欲性移情是力比多能量未得到充分中和的表现。同时，也正是力比多能量创造了无可非议的正移情。

一开始，弗洛伊德认为移情现象会干扰真正的精神分析工作，阻碍治疗师揭示病人的无意识情感和幻想。弗洛伊德把自己视作一个探索人类心理的考古学家，他的职责就是小心翼翼地挖掘被埋藏的记忆，将困扰病人的无意识情感和记忆变得有意识。他认为，纯粹的正移情能够促进治疗师和病人的协同治疗，但除此之外，其他的任何移情都会干扰、阻碍治疗的进程。可到了精神分析疗法发展的相对早期，弗洛伊德开始把所有的移情现象都视为他的盟友。诚然，移情可能会带来麻烦，但它对于治疗来说的确是不可缺少的盟友。

弗洛伊德之所以需要移情这一盟友，源自一次幻想的破灭。在精神分析发展的早期，弗洛伊德认为，治疗师能够轻而易举地将无意识变成有意识，从而治愈病人。他认为，只要能够揭示病人的某个无意识记忆或愿望，发现问题的根源，并将这样的发现告诉病人，就能实现治愈病人的目标。很快，弗洛伊德发现了一个令人痛心的事实：告诉病人他们的无意识愿望仅仅是杯水车薪。要治好病人，让病人简单地了解他们内心的无意识领域的确是必要的，但肯定是不够的。通常来说，仅仅向病人传授有关无意识的见解并不会改变病人的行为或减轻他们的痛苦。有时，病人的确会发生一些变化，让治疗师为之振奋，但最终的结果还是会让他们大失所望，因为这些变化只是暂时的。弗洛伊德发现，病人无需深入理解，也可以在观念上"了解"某物。我的分析师曾对我说，我总是觉得我会在成年生活中受到惩罚，是因为我在无意识地对我小时候幻想出来的罪恶产生了内疚感。这听起来很有说服力，但我的生活并没有因此发生什么变化。尽管我的分析师将这样的联系变得有意识，但显然这并没有对我无意识的心理部分产生什么影响。

弗洛伊德的发现给治疗师带来了强烈的挫败感。至此，心理治疗（所有的心理治疗，而不仅仅是精神分析）的历史可以被看作是对原有治疗方法的不断改进。治疗师们进行了一次又一次的尝试，迫切地想要知道除了告诉病人本人的无意识愿望，他们还需要做些什么才能治愈病人。精神分析学家认为，要治愈病人还需要一个叫作"情绪修通"的环节，即治疗师不仅要让病人理解无意识，还要将这种理解带到病人头脑中的某个地方，让病人能够利用这种理解。起初弗洛伊德认为，要达到这一目的，只要积累证据，向病人展示一个又一个无意识幻想的影响就够了。这就是为什么精神分析花了这么长时间都没有治好病人。我从我的精神分析中了解到，我的罪恶幻想在许多方面影响了我——它影响了我的工作，影响了我和我女朋友的关系，还有我和我的老师、同学、房东以及汽车修理工的关系。然而，对症状无休止的罗列让我烦透了。我甚至开始认为，什么时候把症状熬死，什么时候精神分析就能把我治好。

弗洛伊德的一个重大发现是，心理治疗中的医患关系可以大大地或阻碍或促进治疗的进展。这是他关于心理治疗关系的第一个重大发现。牙医或外科医生不需要关心你对他们的感受。不管你喜不喜欢他们，你只要保持不动或张大嘴巴，他们就能干活，可心理治疗中患者和医生的关系根本不是这样的。第二个重大发现是，尽管移情可能会给治疗带来麻烦，但移情也是实现修通的一个极其有效的工具。他声称，病人的移情可能会变得非常强烈，进而产生他所谓的"移情神经症"，即病人最严重的问题会在他们与分析师的关系中表现出来。

　　我的病人爱丽丝很懂心理学。在漫长的治疗过程中，她很早就知道要解决她的俄狄浦斯情结，我们有很多重要的工作要做。她坦率地谈到，在她小的时候，她的父亲会跟她有很多亲密的身体接触，给年幼的她带来了巨大的困惑——她只知道父亲的身体接触让她很不舒服，但不知道为什么会这样。成年后，她常常会喜欢上那些以上床为目的来追求她的男人。我和爱丽丝花了好长一段时间，想要解决她对俄狄浦斯情结的固着以及她成年后对固着的重演。她对自己的问题了如指掌，但她的生活并没有因此发生改变。我偶尔会问她，她对我有什么感觉以及她觉得我对她有什么感觉。她常常回答说，她根本不敢想这个问题。过了好几个月，她终于吞吞吐吐地对我说，她不信任我，她认定我对她有性趣，她不相信我会尊重治疗关系的适当界限，她需要提防我。正如她所说，在我意识的某个层面上，我可能确实对她产生了情欲。如果是这样的话，我并不会感到惊讶（除非我真的做出了越界的行为）。她真的很漂亮，跟一个性感女人待这么长时间还不冒出点性欲，那就太匪夷所思了。然而，我远远没有想到这一点，仅仅是手头的事就已让我忙得不可开交。

如果这是1955年，我可能会向她保证，她害怕的不是我，而是她的父亲。可现在不是1955年。相较于当年，现在的心理治疗领域已经获得了长足的发展。我对她说，我很欣赏她能勇敢地暴露自己的真实想法，我也很能理解，她想到她的治疗师不仅喜欢她，还想要勾引她，她该有多么害怕。我问她是否能告诉我她察觉到的线索。她回答说，我和她打招呼的方式比一般治疗师和病人打招呼的方式要更亲密。在几轮治疗中，她详细地探讨了这一线索，并给了我一些具体的例子。我对她说，我完全可以理解我对她的"亲密"行为会让她怀疑我的动机。

在未来的几周里，我们花了几轮的治疗来讨论她察觉到的线索及其感受。我时不时地对她说，我认为她对我的热情的感知肯定是准确的，但我并没有意识到我的热情，也没有意识到我的热情会让她如此恐惧。但我还加了一句话：我们俩都很尊重无意识带给我们的真实感受。

最后，我对她说，她把我的热情解释为性趣是合理的，但这并不是唯一可能的解释。我的热情可能仅仅代表一种非情欲性的兴趣和感情。她同意了我的说法，然后，我问她是否愿意想一想有什么可能的原因让她把我的热情解释为情欲和勾引。她突然大笑起来，说："我想不出来。你能吗？"

在这之后，她又接受了一段时间的治疗，但她的生活已经开始发生改变了。我们深入探讨了以下可能性：她的确害怕我对她的性趣，但在她的内心深处，她也渴望我能够被她吸引。你们应该还记得弗洛伊德的教导，即强烈的恐惧背后往往隐藏着愿望。

最终，爱丽丝和一名单身男子坠入了爱河。我多么希望，治疗师在理解了移情后都能像这个病例一样顺利地治愈病人。恐怕现实并非如此。但正如弗洛伊德所说，移情常常能在治疗中发挥作用：

> 我们必须在移情的战场上取得胜利，即永久地治愈神经症。无可争议的是，控制移情现象让精神分析学家面临着巨大的困难。但我们不应该忘记，正是移情做出了不可估量的贡

献，使病人被隐藏、被遗忘的性冲动显现了出来，让我们触手可及。说到底，我们不可能不上战场，靠烧敌人的娃娃来打仗——咨询师不应该回避移情现象，应该利用移情与神经症做正面斗争。[3]

默顿·吉尔和当代移情分析

弗洛伊德坚信，治愈病人的秘诀就是将其隐藏的冲动和幻想从压抑中解放出来。他认为，理解移情对治疗的价值在于：病人意识到自己看待治疗关系的视角发生了扭曲，这将会比治疗情境之外的事件和关系更有说服力。弗洛伊德在他出版的最后一部著作中写道："病人永远不会忘记他以移情的形式经历的事情，这比他通过其他形式获得的任何经验都更有说服力。"[4]关键是，病人要在认知层面意识到他们的视角发生了扭曲。

弗洛伊德认为，精神分析师能够（且需要）发现病人对治疗师的看法是如何被模板扭曲的。分析师可以向病人展示他们被扭曲的视角，并告诉他们：如果他们的认知遭到破坏性扭曲，那么，这种扭曲会给他们的生活带来什么样的影响。分析师的这一观点将让病人受益终生。然而，这一观点存在问题。如果我的病人对我说，她觉得我很拘谨、戒备心强，我会想："啊，她肯定有一个戒备心很强的父亲。"如果她对我说，她很感谢我对治疗工作的辛勤付出，我会想："没错，这就是我的真实写照。"现在，你看到问题了：治疗师根本无法确定病人的哪些反应是真实的，哪些是"扭曲的"。最终，精神分析师意识到了这一点，发现了所有哲学或高能物理学的一年级研究生都能告诉他们的公理："现实"是个很难定义的概念。

弗洛伊德最重要的追随者之一、美国精神分析学家默顿·吉尔（1914—1994）提出了一个富有创见、令人满意的解释：我们每个人都是通过无意识幻想和个人独有的经验组织原则来看待人际交往的。人际交往的刺激极有可能是模棱两可的，因此可以有多种不同的解释。我们选择哪一种解释，取决于我们的组织原则和模板。病人如此，治疗师也是如此。

吉尔[5]对精神分析的实践产生了重大影响，也影响了其他形式的心理动力学疗法。如今，很少有心理动力学派的治疗师不受吉尔及其追随者的影响。

现在，大多数治疗师已经放弃了传统观念，即治疗师能够判断病人的哪些知觉是现实的，哪些是扭曲的。在某种程度上，病人的所有知觉都是现实的，都是由模板塑造的。最初，"移情"一词指的是（治疗师认为）病人的认知和反应遭到了扭曲。然而，一旦精神分析师不再相信他们对现实有特殊的见解，这个定义也就不再适用了。人们曾多次尝试重新定义移情。其中一个最为实用的考虑似乎是：我们无法自行区分"现实"和"扭曲"，因为我们承认我们所有对人际关系的认知在一定程度上都是由模板塑造的，所以我们把病人对治疗的所有感受、想法、知觉和判断称作移情。

吉尔还提出，治疗师也许能利用移情来治愈病人。他指出，被压抑的冲动会寻求表达（正如我们在第二章中看到的）。他进一步指出，弗洛伊德已经证明治疗情境是宣泄被压抑的冲动的理想场所。吉尔接着指出，临床关系能够促进治疗的主要原因在于：病人能够在移情中重新体验早期的冲动和幻想，并在治疗师面前表现这些冲动和幻想，从而得到与最初情境显著不同的反应。吉尔推断，病人适应不良的信念和态度是在某种人际交往的环境中获得的，所以要改变这些信念和态度，就必须在相同的环境下进行。

对于吉尔来说，向爱丽丝解释她对我的恐惧是她对父亲恐惧的扭曲重演，或是在她的恐惧之下隐藏着想要吸引父亲的愿望是远远不够的。对于吉尔来说，我的首要任务是承认爱丽丝对我的恐惧是真实的、重要的，并鼓励她详细地探索这种恐惧，包括她从我身上觉察到的暗示。同样重要的是，我要让她放心地告诉我她内心深处的愿望，即她希望我能被她吸引。这样我才有可能（也有必要）帮助她探索无意识恐惧和愿望的早期根源。

正如上文所述，说到底，我们不可能不上战场，靠烧敌人的娃娃来打仗——咨询师不应该回避移情现象，应该利用移情与神经症做正面斗争。毫无疑问，弗洛伊德正朝着这个方向努力。然而，真正推动移情分析技术发展的人是吉尔。正是因为吉尔，移情分析技术才向前迈出了重要一步，对精神分析产生了深远的影响。

海因茨·科胡特和自体客体移情

在理解移情方面，弗洛伊德的追随者海因茨·科胡特（1913—1981）同样是个重要人物。科胡特在精神分析领域做出了许多有价值的创新，其中，他对"自体客体"移情的描述与我们现在讨论的话题息息相关。所谓"自体客体"移情，即：我希望在我面前的人是我一直渴望、等待的父母。[6]

所谓自体客体，科胡特是这样说的：出生后不久，婴幼儿会被三个至关重要的无意识问题困扰，但在一个充满爱的健康家庭中，这些问题会得到父母的积极回答。第一个问题：我是个可爱的、受欢迎的人吗？有些人（通常是母亲）就像《白雪公主》中的镜子，会不断向婴儿传递积极的信息，即他/她是世界上最美、最棒的孩子。这样的反应会帮助孩子建立并永远保持自尊。

不久后，孩子便迎来了第二个问题：像我这样一个渺小、缺乏经验的弱者，该如何应对这个大千世界和这些令人不知所措的感觉？一旦孩子认识到自己的父母（一方或双方）能够沉着冷静、自信从容地应对外部世界的困难，这个问题就得到了回答。孩子还无需应对外部世界的困难，因为有能力的父母会处理所有的事情。在这期间，孩子会不断成长，变得越来越强大，越来越有经验。这让孩子建立了一种重要的安全感。

最后是第三个问题：我和其他人一样，可以被他人接受吗？还是说，我是个怪胎，无法被他人接受？当父母邀请孩子一起参加成年人的活动时，孩子得到的信息是：我不是怪胎，我和爸爸妈妈是一样的。虽然父母没有明确表示，但这对孩子产生了极大的影响。

科胡特认为，能否满足孩子对爱和安全感的需求是决定孩子长大后心理是否健康的关键因素。如果这些需求得到充分满足（科胡特认为，这并不经常发生），孩子就会成长为一个健康的青少年，为战胜俄狄浦斯情结做好充分准备，进而成长为一个健康的成年人。如果这些需求没有得到充分满足，孩子就可能需要接受心理治疗。那些未被满足的需求将永远成为他们生活中的无意识驱动力。就像模板一样，这些无意识驱动力会抓住每一个机会展现自己。

弗洛伊德教导我们，移情是对早期关系的重演。我会无意识地预期人们跟我小时候遇到的人是一样的，并且会刻意地做出某种行为来实现我的预言。科胡特发现，移情确实是对早期关系的重演，但他认为移情还可以有另一种表现形式，即渴望拥有比最初的早期关系更好的关系。如果我有一个严厉、苛刻的父亲，我的无意识模板会让我认为我的分析师也是一个严厉、苛刻的人。然而，我想要满足早期需求的无意识愿望，也可能会让我把分析师看作一个温暖、慈爱的父亲——我没有这样的父亲，但我一直想要。用科胡特的话说，我正把治疗师视作我迫切渴望却没有得到的自体客体，一个能给予我关爱，并证明我的价值的自体客体。科胡特将这种移情称为"自体客体移情"。

自从科胡特做出这一理论贡献后，越来越多的精神分析师发现了这两种移情的存在。罗伯特·斯托罗和他的同事[7]告诉我们，病人很可能会在这两种移情之间摇摆。斯托罗说，当治疗师与病人共情时，病人将体验到自体客体移情。一旦病人的移情转换到早期模板，治疗师就需要考虑一个可能性，即他/她并没有与病人建立共情，没有尽到治疗师的职责。如果治疗师能够探索并纠正共情失败，病人的移情将恢复自体客体的形式。

重演型移情能够修复病人的早期创伤，从而治愈病人。自体客体移情能为治疗师提供机会，让他们认识并理解病人长期对滋养、支持和认可的无意识渴望，从而治愈病人。

日常生活中的移情

一开始，弗洛伊德认为移情现象主要发生在治疗情境中。可他很快就意识到，事实恰恰相反——移情是无处不在的。在我们所有重要的关系以及很多琐碎的关系中，无论我们走到哪里，我们都在不断地重演我们早期生活的某些方面。在友谊、业务关系、爱情，尤其是在我们与权威人物的关系中，我们都会重演我们的早期关系。对治疗师来说，理解移情是必备的技能，而对我们所有人来说，理解移情丰富了我们对生活预置的认知。

我们可以将这种预置看作一首诗，或者更准确地说，看作一首乐曲。18世纪的作曲家经常采用的一种曲式叫奏鸣曲。贝多芬和莫扎特的交响乐的第一乐章就是一个很好的例子。在奏鸣曲式中，一个乐章的所有主题旋律都会出现在开头。在乐章的剩余部分，作曲家会发展这些主题旋律，创造变奏，并重复之前的主题旋律。这样的布局使得乐曲变得扣人心弦。这可能就是那个时期的音乐能够永远流传的一个重要原因。我们可以把自己的生活看作是一首奏鸣曲，所有的关系主题都出现在生命的开头，而在我们生命的其余部分，我们会不断发现这些主题的变体、发展以及重演。

科胡特认为，自体客体移情和重演型移情一样，都会出现在我们生活的方方面面。即使是那些在童年时期就满足了自体客体需求的人，也会终其一生，不懈地寻找能够认可和激励他们的人。没有满足需求的人更是如此。

我读本科的时候，我上课的地方通常是一个很大的讲堂。大多数情况下，我坐的位置都离教授很远，所以我对他们并没有什么感觉和印象。但我确信，即使是这样，我还是对那些教授产生了持续的移情反应，只不过这些移情反应在意识层面的表现不会产生什么重要的影响，因此不需要严肃对待。相较于本科，读研究生是完全不同的体验，我和教授建立了密切的联系。对于我来说，他们好像有无限的权威。如果我发现教授对我有丝毫不赞同或缺乏兴趣的迹象，我就会肯定我和我的职业生涯将面临巨大的麻烦。你可以想象，我是如何看待我和我父亲的关系的。然而，如果教授对我表现出一点热情和兴趣，我很快就会幻想我能获得他的赞赏并成为他的学生。这就是典型的自体客体移情，即希望得到比最初的早期关系更好的关系。

领悟了日常生活中移情的力量，我们就能更好地理解作用在我们和周围人身上的无意识力量。

反移情

我们在上文中看到，弗洛伊德和他的追随者相信，移情是发生在所有人身上的常见现象。这肯定包括治疗师，也肯定包括治疗师和病人之间的关系。有一个术语专门描述治疗师的反应，即"反移情"。长久以来，精神分析师对该概念的理解在不断变化。一开始，人们认为（也可以说是希望）精神分析师已经接受了透彻的分析，是绝对专业的。除了纯粹现实的知觉，他们不会对病人有任何其他的看法，也不会对病人的移情做出任何不专业、不恰当的反应。然而，弗洛伊德发现，一些无意识的衍生物有时会冲破治疗师的专业素养，从而产生不恰当的反应。他将这种反应称为"反移情"，并认为"反移情"只不过是一个需要消除的障碍。弗洛伊德认为，如果治疗师不能通过自我审视来分析、消除"反移情"，他们就需要咨询自己的督导，甚至进行更深入的自我分析。

从此，一段漫长的旅程开始了。分析师开始怀疑，是否真的有可能将一个人分析得那么彻底。他们发现，"反移情"是不可避免的，且会持续存在。到了1950年，分析师发现"反移情"不仅仅是不可避免的，而且还能帮助他们开展治疗。到了20世纪60年代，分析师已经将"反移情"视作不可或缺的治疗工具。

我们在上文中看到，分析师总算放弃了他们能够区分真实与扭曲的观点。不可避免地，这种观念上的变化极大地改变了他们对"反移情"的看法。从这个角度来看，我们可以将"反移情"定义为治疗师对病人的所有感觉、想法和知觉。我们可以看到"反移情"为什么不可或缺，例如，所有的共情都始于反移情。

主体间性

一旦承认了现实的不确定性，整个治疗关系的图景就发生了改变。最初人们还自信地认为，心理治疗就是一个明眼人在治疗一个被神经症模糊了双眼的人。现在看来，一个更准确的图景是，心理治疗是两个人通过自己独特的组织原则来观察对方的现实情况。毫无疑问，这样的图景让治疗师显得不那么自大。治疗师和病人都没有扭曲现实，也没有触碰到绝对的现实。这并不是说双方关系是对称的，重要的是，两者都在为了增进病人的福祉而共同努力。然而，人们也不再相信治疗师的知觉（尤其是他们的自我知觉）比他们的病人的知觉更准确了。

正如物理学家发现观察者会影响被观察对象，精神分析师也逐渐了解到，治疗师的组织原则（通常是无意识的组织原则）会对病人产生巨大的影响。这一观点被称为"主体间性"，即治疗师对病人的理解由治疗师和病人的主观性共同塑造，这种理解会逐渐显现在治疗情境中。看样子，使用"反移情"这个术语毫无意义，因为我们现在已经很清楚，我们正在处理两组移情。

在治疗爱丽丝的过程中，爱丽丝可能确实觉察到了我的无意识情欲。可如果是在25年前，我甚至都不会考虑这种可能性。如果我意识到自己对她产生了性欲，我会认为这是一种可悲的反移情，并咨询我的督导。如果我没有意识到我的性欲，我会认为她的知觉完全是因为她的俄狄浦斯情结，而不是我的问题。然而，一些从主体间性的视角写作的治疗师，如罗伯特·斯托罗和他的合作者[8]，还有欧文·霍夫曼[9]、斯蒂芬·米切尔[10]和卢·阿隆[11]等，极大地拓宽了我们的眼界。他们让我们看到，认真对待病人对治疗师的知觉是非常重要的。

这就引出了关于治疗师自我暴露的问题。精神分析的传统立场很明确：治疗师从不表露他们的感受。研究主体间性的学者重新探讨了这个问题。虽然有关主体间性的讨论超出了本书的范围，但这一问题是当今精神分析学界的一个核心前沿问题，极具争议性。

从广义上讲，移情理论告诉我们：在每一次人际交往中，我们都会带着自己的历史、隐藏的愿望、恐惧和心理创伤。无论是在治疗中，还是在生活中，无意识的力量都会影响我们对彼此的知觉和反应——这就是弗洛伊德最有价值、最具启发性的发现。

第十二章　结语

　　"认识你自己"是刻在德尔斐神庙上的一句箴言。知之非难，行之不易。虽然这一目标总是遥不可及，但我们仍在不断追寻。这是一段至高无上的旅程。一路上，你将发现自己灵魂的诗意。

弗洛伊德的理论增进了我们对自我的理解，是不可否认的天才壮举。然而，弗洛伊德的理论探索并不都是成功的。尤其让他感到失望的可能就是精神分析疗法。他在生命的最后，对当时盛行的精神分析疗法的疗效产生了极大的怀疑。在弗洛伊德的一生以及他死后至少30年的时间里，精神分析可能是一个人能够拥有的最好的研究生教育。但是，精神分析在缓解生活问题方面并没有像弗洛伊德希望的那样有效。

不过，弗洛伊德创立并推行的心理动力学疗法已经获得了长足的发展，与最初的精神分析疗法相比，呈现出了更加多元的样貌。20世纪60年代和70年代，心理动力学疗法取得了重大进展。从那时起，心理动力学疗法一直稳步发展，与日俱进。

一开始，弗洛伊德认为神经症就是性冲动受到压抑后的表现。现在，这一理论已经大大拓展，将其他可能的无意识冲突都囊括了进来。从最初的照顾者那里内化（习得并压抑）的禁令会给我们带来破坏性的影响，它可能关于性，也可能关于愤怒的表达（或仅仅是愤怒的感觉）。一个人可能很早就知道自己很讨人厌或没有能力处理生活中的紧急情况。所有的这些冲突都会导致生活中的问题。这一理论视野的开拓使得更有效的治疗成为可能。

心理动力学派的治疗师现在明白，治疗关系具有双重功效：治疗关系不仅仅能够揭示无意识的力量，其本身具有的治疗效果也同样强大。了解两者协同运作的方式，大大增强了心理动力学疗法的治疗效果。

传统治疗师的立场往往是克制和沉默。如今，现代的治疗师允许自己进行更多的自我暴露，与病人建立更轻松、更友好的治疗关系，从而增强了心理动力学疗法的疗效。

现在，一些负担得起昂贵费用的人仍在使用古典精神分析疗法（每周四到五次，持续数年），而且现在的古典精神分析疗法比早期的疗法要精细、复杂得多。许多心理动力学疗法在保证疗效的情况下变得越来越温和。这些都来源于弗洛伊德最初的理论见解的疗法正在不断改进，稳步发展。我冒昧地猜测，如果弗洛伊德重返人间，他一定会感到无比惊讶和欣喜：他的追随者已经大大增强了心理动力学疗法的治疗效果，远远超过了他的悲观预期。

如今，各种深度疗法在全世界盛行。作为深度疗法的开山鼻祖，弗洛伊德的功绩是多么了不起。深度疗法的目的是将最重要的无意识力量从敌人转化为盟友。这个领域有许多流派和革新者。弗洛伊德的精神分析理论是精神分析的主要流派，其中包括关系学派的治疗师[1]、自体心理学家[2]以及客体关系学派的治疗师[3]。虽然荣格[4]和阿尔弗雷德·阿德勒[5]的追随者探索的领域与弗洛伊德研究的范围相去甚远，但他们所有的方法都源于弗洛伊德最初的惊人见解。然而，当我们这个时代的历史被书写时，弗洛伊德的治疗方法可能不会成为他遗产中最重要的部分。

本书的开篇引用了约瑟夫·坎贝尔的话：

> 对于人类来说，在被我们称为意识的这片较为整洁的小住所下面延伸着未知的阿拉丁洞穴，那里不仅有珠宝，还住着危险的精灵：那是我们不愿面对或被我们抗拒的心理力量，我们不想或不敢将它们整合到我们的生活中。[6]

弗洛伊德进入了那些洞穴，并邀请我们跟随他一同探险。在跟随他踏上旅程的人中，有的是想要通过获得冥界提供的教导来减轻自己的痛苦和困惑；有的是为了提高自己的技能来更好地帮助别人；还有的是把这次探险视为发现生命复杂性、美与诗意（包括黑暗之诗）的旅程。可不管出于什么原因，但凡是踏上旅程（即使只是旅程的一小部分）的人，他们的世界观都会发生翻天覆地的变化。

我在本书的前几章中提到，弗洛伊德的理论见解来源于对病人无尽的倾听。弗洛伊德会听病人说上几个小时，日复一日，年复一年，始终如一。在整个人类史上，可能都没有一个人能像弗洛伊德那样听别人说这么长时间。在他之前，可能也没有人会如此不遗余力地鼓励病人放弃压抑和审查。因此，他听到了人们从未听到过的东西，了解了人们从未觉察到的精神和情感生活，这也就不足为奇了。

也许，弗洛伊德对自我理解做出的最重要的贡献是，他让我们知道，我们的精神和情感生活的最重要的部分是被隐藏的，意识仅仅是人类心理的一小部分。动机被隐藏，情感被掩埋，冲突的力量在我们看不见的地方互相对抗。

关于自我理解，弗洛伊德还提出了以下见解：

· 我们的内心生活在很大程度上是为了保护我们不受焦虑、罪恶感和羞耻的影响，而我们用来保护自己的防御机制往往严重缺乏适应性。防御机制可能会比我们试图防御的情感和冲动带来的痛苦更多。不充分的防御会导致混乱，但过多或过于僵化的防御也会导致生活遭到抑制和扭曲。

· 人类有一种奇怪的无意识冲动，想要一遍又一遍地重演早期的痛苦经历，并教会他人在强迫性重复中扮演必要的角色。

·童年时期的人际关系困难可能会产生持久的影响，尤其是那些和俄狄浦斯情结及其解决有关的关系。

·无意识的罪恶感会对我们的生活造成极大的影响。

·梦是有意义的，能揭示很多东西。

·我们的第一段关系会给我们留下持久的印象，并影响我们对后续关系的看法。也就是说，移情无处不在。

研究欧洲文艺复兴的学者常说，有三位思想家的观点彻底动摇了人类的自我形象，从而使得莎士比亚戏剧这样的奇迹成为可能。哥白尼宣称，人类不是宇宙的中心，所以对上帝来说人类并不比其他造物特殊。蒙田雄辩地证明，从恩典、道德和美的角度看，人类远非天使，在宇宙万物中并不比动物高贵。马基雅维利指出，支配人类的并非神权，并非效忠于上帝、受命管制凡间的君主，而是欺骗和操纵。

我们真的了解自己以及我们身处的世界吗？当今时代，是谁动摇了我们的信心？达尔文、爱因斯坦肯定榜上有名。可是难以想象的是，20世纪的思想史竟没有将弗洛伊德作为重要人物包括在内。弗洛伊德是一位伟人，他教导我们，我们要对我们自以为了解的一切保持怀疑，并对我们尚不了解的真理永远保持好奇。

注

序言

1. B. Bettelheim, *Freud and Man's Soul* (New York: Alfred A. Knopf, 1983), p. 4.

第一章

1. J. Lear, *Open Minded* (Cambridge: Harvard University Press, 1998), p. 18.

2. Ibid., p. 28.

3. R. D. Stolorow, B. Brandschaft, and G. E. Atwood, *Psychoanalytic Treatment: An Intersubjective Approach* (Hillsdale, N.J.: Analytic Press, 1987), p. 65.

第二章

1. S. Freud, *Introductory Lectures*, vol. 15 of *The Standard Edition of the Complete Psychological Works of Sigmund Freud* (London: Hogarth, 1915), p. 57.

2. Freud, *Introductory Lectures*, p. 295.

3. S. Freud, The Ego and the Id, vol. 19 of *The Standard Edition of*

the Complete Psychological Works of Sigmund Freud (London: Hogarth, 1923), p. 25.

4. S.Freud, *Introductory Lectures*, p. 122.

5. Ibid., p. 124.

6. Ibid., p. 264.

7. S. Freud, *The Psychopathology of Everyday Life*, vol. 6 of *The Standard Edition of the Complete Psychological Works of Sigmund Freud* (London: Hogarth, 1901).

8. Ibid., p. 9.

9. S. Freud, *Three Essays on Sexuality,* vol. 7 of *The Standard Edition of the Complete Psychological Works of Sigmund Freud* (London: Hogarth, 1905), p. 125.

第三章

1. S. Freud, "Three Essays on Sexuality," in vol. 7 of *The Standard Edition of the Complete Psychological Works of Sigmund Freud* (London: Hogarth, 1905), p. 187.

2. S. Freud, "A Case of Hysteria," in vol. 7 of *The Standard Edition of the Complete Psychological Works of Sigmund Freud* (London: Hogarth, 1905), p. 51.

3. S. Freud, Introductory Lectures, vol. 16 of *The Standard Edition of the Complete Psychological Works of Sigmund Freud* (London:

Hogarth, 1915), p. 341.

第四章

1. S. Freud, *The Interpretation of Dreams*, vol. 4 of *The Standard Edition of the Complete Psychological Works of Sigmund Freud* (London: Hogarth, 1900), p. 261.

2. G. Lindzey, "Some Remarks Concerning Incest, the Incest Taboo, and Psychoanalytic Theory," *American Psychologist* 22, no. 12 (1967): 1051.

3. A. W. Johnson and D. Price-Williams, *Oedipus Ubiquitous* (Stanford, Calif.: Stanford University Press, 1966), p. 98.

4. Ibid., p. 141.

5. Ibid., p. 153.

6. J. M. Masson, *The Assault on Truth: Freud's Suppression of the Seduction Theory* (New York: Farrar, Straus & Giroux, 1984).

7. R. Ofshe and E. Watters, *Making Monsters: False Memories, Psychotherapy, and Sexual Hysteria* (Berkeley: University of California Press, 1996).

8. J. Benjamin, *The Bonds of Love* (New York: Pantheon Books, 1988).

9. N. Chodorow, *The Reproduction of Mothering* (Berkeley: University of California Press, 1978).

10. M. S. Mahler, F. Pine, and A. Bergman, *The Psychological Birth of the Human Infant* (New York: Basic Books, 1975).

11. J. W. M. Whiting, R. Kluckhohn, and A. Anthony, "The Function of Male Initiation Rites at Puberty," in E. E. Maccoby, T. M. Newcomb, and E. L. Hartley, eds., *Readings in Social Psychology* (New York: Holt, 1958).

12. N. Chodorow, *The Reproduction of Mothering* (Berkeley: University of California Press, 1978), p. 133.

13. J.Benjamin,*The Bonds of Love.*

14. Ibid., p. 111.

15. Freud, *Interpretation of Dreams*, p. 265.

第五章

1. S. Freud, *Beyond the Pleasure Principle*, vol. 18 of *The Standard Edition of the Complete Psychological Works of Sigmund Freud* (London: Hogarth, 1920), p. 22.

2. Ibid., p. 7.

3. S. Freud, *Civilization and Its Discontents*, vol. 21 of *The Standard Edition of the Complete Psychological Works of Sigmund Freud* (London: Hogarth, 1930) pp. 118–119.

第六章

1. S. Freud, *Introductory Lectures*, vol. 16 of *The Standard Edition*

of the Complete Psychological Works of Sigmund Freud (London: Hogarth, 1915), p. 401.

2. S. Freud, *Inhibition, Symptom, and Anxiety*, vol. 20 of *The Standard Edition of the Complete Psychological Works of Sigmund Freud* (London: Hogarth, 1926), p. 75.

3. S. Freud, *Analysis of a Phobia in a Five-Year-Old Boy*, vol. 10 of *The Standard Edition of the Complete Psychological Works of Sigmund Freud* (London: Hogarth, 1909), p. 1.

4. J. Wolpe, *Psychotherapy by Reciprocal Inhibition* (Stanford, Calif.: Stanford University Press, 1958).

第七章

1. A. Freud, *Ego and the Mechanisms of Defense* (New York: International Universities Press, 1936).

2. M. Solomon, *Beethoven* (New York: Schirmer Books, 1977).

3. A. Freud, *Ego and the Mechanisms of Defense*, p. 117.

4. N. McWilliams, *Psychoanalytic Diagnosis* (New York: Guilford Press, 1994), p. 109.

5. B. Bettelheim, *The Informed Heart* (New York: Avon Books, 1960), p. 170.

6. A. Freud, *Ego and the Mechanisms of Defense*, pp. 48–50.

7. Ibid., p. 47.

第八章

1. Thomas of Celano, *Francis of Assisi* (New York: New City Press, 1999), p. 221.

2. S. Freud, *Civilization and Its Discontents*, vol. 21 of *The Standard Edition of the Complete Psychological Works of Sigmund Freud* (London: Hogarth, 1930), pp. 127–128.

3. S. Freud, " 'Civilized' Sexual Morality and Modern Nervous Illness," in vol. 9 of *The Standard Edition of the Complete Psychological Works of Sigmund Freud* (London: Hogarth, 1908), p. 177.

第九章

1. S. Freud, *The Interpretation of Dreams*, vols. 4 and 5 of *The Standard Edition of the Complete Psychological Works of Sigmund Freud* (London: Hogarth, 1900).

2. Ibid., p. 123.

3. Ibid., p. 355.

4. P. Lippman, "Dreams and Psychoanalysis: A Love-Hate Story." *Psychoanalytic Psychology* 17, no. 4 (2000): 627–650.

5. M. M. Gill, *The Analysis of Transference*, vol. 1 (New York: International Universities Press, 1982).

6. H. Kohut, *How Does Analysis Cure?* (Chicago: University of Chicago Press, 1984).

7. C. G. Jung, *The Archetypes and the Collective Unconscious*, vol. 9, part 1 of *The Collected Works* (Princeton: Princeton University Press, 1934).

第十章

1. S. Freud, "Mourning and Melancholia," in vol. 14 of *The Standard Edition of the Complete Psychological Works of Sigmund Freud* (London: Hogarth, 1917), p. 237.

2. Ibid., p. 244.

3. S. Freud, "The Ego and the Id," in vol. 19 of *The Standard Edition of the Complete Psychological Works of Sigmund Freud* (London: Hogarth, 1923), p. 3.

4. J. E. Baker, "Mourning and the Transformation of Object Relationships," *Psychoanalytic Psychology* 18, no. 1 (2001): 55–73.

5. E. Lindemann, "Symptomatology and Management of Acute Grief," *American Journal of Psychology* 101 (1944): 141–148.

6. C. M. Parkes, *Bereavement: Studies of Grief in Adult Life*, 3rd ed. (Madison, Conn.: International Universities Press, 1996).

7. G. Gorer, *Death, Grief, and Mourning in Contemporary Britain* (London: Cresset, 1965).

8. Ibid.; Parkes, *Bereavement,* p. 151.

9. E. Burgoine, A Cross-Cultural Comparison of Bereavement

Among Widows in New Providence, Bahamas and London, England. Paper presented at the International Conference on Grief and Bereavement in Contemporary Society, London, England, July 12–15, 1988.

10. D. M. Lovell, G. Hemmings, and A. D. Hill, "Bereavement Reactions of Female Scots and Swazis: A Preliminary Comparison," *British Journal of Medical Psychology* 66, no. 3 (1993): 259–274.

第十一章

1. J. Breuer and S. Freud, *Studies in Hysteria*, vol. 2 of *The Standard Edition of the Complete Psychological Works of Sigmund Freud* (London: Hogarth, 1885), p. 1.

2. S. Freud, *The Dynamics of Transference*, vol. 12 of *The Standard Edition of the Complete Psychological Works of Sigmund Freud* (London: Hogarth, 1912), p. 99.

3. Ibid., p. 108.

4. S. Freud, *An Outline of Psychoanalysis*, vol. 23 of *The Standard Edition of the Complete Psychological Works of Sigmund Freud* (London: Hogarth, 1940), p. 177.

5. M. M. Gill, *The Analysis of Transference* (New York: International Universities Press, 1982).

6. H. Kohut, *The Restoration of the Self* (New York: International

Universities Press, 1977); H. Kohut, *How Does Analysis Cure?* (Chicago: University of Chicago Press, 1984).

7. R. D. Stolorow, B. Brandschaft, and G. E. Atwood, *Psychoanalytic Treatment: An Intersubjective Approach* (Hillsdale, N.J.: Analytic Press, 1987).

8. R. D. Stolorow, G. E. Atwood, and B. Brandschaft, The *Intersubjective Perspective* (Hillsdale, N.J.: Analytic Press, 1994).

9. I. Hoffman, *Ritual and Spontaneity in the Psychoanalytic Process* (Hillsdale, N.J.: Analytic Press, 1998).

10. S. A. Mitchell, *Influence and Autonomy in Psychoanalysis* (Hillsdale, N.J.: Analytic Press, 1997).

11. L. Aron, *A Meeting of Minds: Mutuality in Psychoanalysis* (Hillsdale, N.J.: Analytic Press, 1996).

第十二章

1. S. A. Mitchell, *Relational Concepts in Psychoanalysis: An Integration* (Cambridge, Mass.: Harvard University Press, 1988).

2. H. Kohut, *How Does Analysis Cure?* (Chicago: University of Chicago Press, 1984).

3. J. R. Greenberg and S. A. Mitchell, *Object Relations in Psychoanalytic Theory* (Cambridge: Harvard University Press, 1983).

4. C. G. Jung, *Modern Man in Search of a Soul* (New York:

Harcourt Brace, 1993).

5．A. Adler, *Social Interest: A Challenge to Mankind* (New York: Capricorn, 1929).

6．J. Campbell, *The Hero with a Thousand Faces* (Princeton, N.J.: Princeton University Press, 1949), p. 8.

参考文献

弗洛伊德的著作以及与弗洛伊德相关的著作

Bettelheim, Bruno. *Freud and Man's Soul*. New York: Alfred A. Knopf, 1983.

Breuer, J., and S. Freud. *Studies in Hysteria*. Vol. 2 of *The Standard Edition of the Complete Psychological Works of Sigmund Freud*. London: Hogarth, 1885.

Freud, Anna. *The Ego and the Mechanisms of Defense*. New York: International Universities Press, 1936.

Freud, Sigmund. *Analysis of a Phobia in a Five-Year-Old Boy*. Vol. 10 of *The Standard Edition of the Complete Psychological Works of Sigmund Freud*. London: Hogarth, 1909.

_____. *Beyond the Pleasure Principle*. Vol. 18 of *The Standard Edition of the Complete Psychological Works of Sigmund Freud*. London: Hogarth, 1920.

_____. *Civilization and Its Discontents*. Vol. 21 of *The Standard Edition of the Complete Psychological Works of Sigmund Freud*. London: Hogarth, 1930.

_____. *"Civilized" Sexual Morality and Modern Nervous Illness*. Vol. 9 of *The Standard Edition of the Complete Psychological Works of Sigmund Freud*. London: Hogarth, 1908.

_____. *The Dynamics of Transference*, Vol. 12 of *The Standard Edition of the Complete Psychological Works of Sigmund Freud*. London: Hogarth, 1912.

_____. *The Ego and the Id*. Vol. 19 of *The Standard Edition of the Complete Psycological Works of Sigmund Freud*. London: Hogarth, 1923.

_____. *Five Lectures on Psychoanalysis*. Vol. 11 of *The Standard Edition of the Complete Psychological Works of Sigmund Freud*. London: Hogarth, 1910.

_____. *Inhibition, Symptom, and Anxiety*. Vol. 20 of *The Standard Edition of the Complete Psychological Works of Sigmund Freud*. London: Hogarth, 1926.

_____. *The Interpretation of Dreams*. Vols. 4 and 5 of *The Standard Edition of the Complete Psychological Works of Sigmund Freud*. London: Hogarth, 1900.

_____. *Introductory Lectures*. Vols. 15 and 16 of *The Standard Edition of the Complete Psychological Works of Sigmund Freud*. London: Hogarth, 1915.

_____. *An Outline of Psychoanalysis*. Vol. 23 of *The Standard Edition of the Complete Psychological Works of Sigmund Freud*. London: Hogarth, 1940.

_____. *The Psychopathology of Everyday Life*. Vol. 6 of *The Standard Edition of the Complete Psychological Works of Sigmund Freud*. London: Hogarth, 1901.

_____. *Three Essays on Sexuality*. Vol. 7 of *The Standard Edition of the Complete Psychological Works of Sigmund Freud*. London: Hogarth, 1905.

Lear, Jonathan. *Open Minded*. Cambridge: Harvard University Press, 1998.

Madison, P. *Freud's Concept of Repression and Defense*. Minneapolis: University of Minneapolis Press, 1961.

Masson, J. M. *The Assault on Truth: Freud's Suppression of the Seduction Theory*. New York: Farrar, Straus & Giroux, 1984.

关系学派的精神分析

Aron, Lewis. *A Meeting of Minds: Mutuality in Psychoanalysis*. Hillsdale, N.J.: The Analytic Press, 1996.

Gill, Merton. *The Analysis of Transference*. New York: InternationalUniversities Press, 1982.

_____. *Psychoanalysis in Transition*. Hillsdale, N.J.: Analytic Press, 1994.

Hoffman, Irwin. *Ritual and Spontaneity in the Psychoanalytic Process*. Hillsdale, N.J.: Analytic Press, 1998.

Mitchell, Stephen. *Influence and Autonomy in Psychoanalysis*. Hillsdale, N.J.: Analytic Press, 1997.

Stolorow, R. D., B. Brandschaft, and G. E. Atwood. *Psychoanalytic Treatment: An Intersubjective Approach*. Hillsdale, N.J.: Analytic Press, 1987.

Stolorow, Robert, George Atwood, and Bernard Brandschaft. *The Intersubjective Perspective*. Hillsdale, N.J.: Analytic Press, 1994. Teicholz, Judith Guss. *Kohut, Loewald, and the Postmoderns*. Hillsdale, N.J.: Analytic Press, 1999.

客体关系

Greenberg, J. R., and S. A. Mitchell. *Object Relations in Psychoanalytic Theory*. Cambridge: Harvard University Press, 1983.

科胡特的自体心理学

Kohut, Heinz. *How Does Analysis Cure*? Chicago: University of

Chicago Press, 1984.

Wolf, Ernest. *Treating the Self.* New York: Guilford Press, 1988.

其他

Adler, A. *Social Interest: A Challenge to Mankind.* New York: Capricorn, 1929.

Benjamin, J. *The Bonds of Love.* New York: Pantheon Books, 1988.

Campbell, Joseph. *The Hero with a Thousand Faces.* Princeton, N.J.: Princeton University Press, 1949.

Chodorow, N. *The Reproduction of Mothering.* Berkeley: University of California Press, 1978.

Johnson, A. W., and D. Price-Williams. *Oedipus Ubiquitous.* Stanford, Calif.: Stanford University Press, 1966.

Jung, C. G. *Modern Man in Search of a Soul.* New York: Harcourt Brace, 1993.

Mahler, M. S., F. Pine, and A. Bergman. *The Psychological Birth of the Human Infant.* New York: Basic Books, 1975.

McWilliams, Nancy. *Psychoanalytic Diagnosis.* New York: Guilford Press, 1994.

Ofshe, R., and E. Watters. *Making Monsters: False Memories, Psychotherapy, and Sexual Hysteria.* Berkeley: University of California Press, 1996.

Schwaber, E. A. *The Transference in Psychotherapy*. New York: International Universities Press, 1985.

Wolpe, J. *Psychotherapy by Reciprocal Inhibition*. Stanford, Calif.: Stanford University Press, 1958.